Swati Jayswal

Estudo morfológico de Spinacea oleracea L. com análise in silico

Swati Jayswal

Estudo morfológico de Spinacea oleracea L. com análise in silico

Efeitos morfológicos do NaCl e da cinetina em Spinacea oleracea L. (espinafre) com análise in silico (Docking Molecular)

Imprint

Any brand names and product names mentioned in this book are subject to trademark, brand or patent protection and are trademarks or registered trademarks of their respective holders. The use of brand names, product names, common names, trade names, product descriptions etc. even without a particular marking in this work is in no way to be construed to mean that such names may be regarded as unrestricted in respect of trademark and brand protection legislation and could thus be used by anyone.

Cover image: www.ingimage.com

This book is a translation from the original published under ISBN 978-620-7-64039-3.

Publisher:
Sciencia Scripts
is a trademark of
Dodo Books Indian Ocean Ltd. and OmniScriptum S.R.L publishing group

120 High Road, East Finchley, London, N2 9ED, United Kingdom
Str. Armeneasca 28/1, office 1, Chisinau MD-2012, Republic of Moldova, Europe
Printed at: see last page
ISBN: 978-620-7-66158-9

Estudo morfológico de *Spinacea oleracea* L. com análise *in silico*

Dr. Swati Jayswal

Diretor e professor assistente

Departamento de Botânica

Colégio Merchant M.Sc,

Basna.

ÍNDICE

1. INTRODUÇÃO

1.1 ESPINAFRE

O espinafre (*Spinacea oleracea*) é um vegetal de folha verde cultivado em todo o mundo (Sary H. Brengi e Ibrahim A. Abouelsaad, 2019). Entre todas as folhas verdes cultivadas, o espinafre ocupa o primeiro lugar como vegetal nutritivo que pode ser consumido cru ou cozinhado (Tahseen Fatima Miano, 2016). Trata-se de uma planta com folhas verdes e floridas que pertence à família Amaranthaceae e à subfamília Chenopodiaceae. O espinafre, uma planta anual, cresce até 30 cm. As folhas são simples, alternas, ovadas, triangulares, de tamanho variável: 2-30 cm de comprimento e 1-15 cm de largura. Na base da planta encontram-se as folhas maiores e por cima dos caules floridos as folhas mais pequenas. As flores são imperceptíveis, verde-amareladas, com diâmetro de 3-4 mm. Estas flores amadurecem num tufo de frutos duros e secos com muitas sementes. As suas folhas são comestíveis, por vezes acompanhadas de pecíolos e rebentos tenros que podem ser consumidos frescos ou armazenados através de diferentes técnicas de conservação (Muhammad Iqbal Jakhro *et al.*, 2017).

Fig.-1: *Spinacea oleracea* L.

1.1.1 CLASSIFICAÇÃO CIENTÍFICA (segundo Bentham e Hooker)

Reino: Plantae

Sub-reino: Traqueobiontes

Superdivisão: Spermatophyta

Divisão: Magnoliophyta

Classe: Magnoliopsida

Subclasse: Caryophyllidae

Ordem: Caryophyllales

Família: Chenopodiaceae

Género: Espinácea

Espécie: *oleracea*

Nome científico: *Spinacea oleracea* L.

1.1.2 NUTRIENTES

O espinafre é um vegetal de folha excecionalmente nutritivo. É rico em nutrientes, bem como em fitoquímicos, que também são conhecidos como bioactivos ou fitonutrientes. Os nutrientes presentes nos espinafres são a vitamina A, a vitamina C, a vitamina K e o folato. Os minerais como o cálcio, o ferro e o potássio estão presentes nos espinafres. Os fitoquímicos mais importantes, como os carotenóides, o b-caroteno, a luteína e a zeaxantina, estão presentes nos espinafres. Os compostos fenólicos também estão presentes nos espinafres.

Muitos estudos revelaram que os espinafres têm uma forte atividade antioxidante, uma vez que contêm níveis elevados de compostos antioxidantes como os carotenóides e os fenólicos. O stress oxidativo está na origem de muitas doenças graves e problemas de saúde que estão associados ao envelhecimento, pelo que a atividade antioxidante é vital.

A luteína e a zeaxantina são dois compostos importantes que protegem contra doenças oculares deficientes, como a perda da visão central, que está associada à velhice. De acordo com estudos epidemiológicos, os espinafres e os seus extractos ajudam a retardar a perda de funções cerebrais e a diminuir os danos cerebrais, protegendo também contra o cancro (Carolyn Lister, 2007).

1.1.3 COMPOSIÇÃO

1.1.3.1 NUTRIENTES ESSENCIAIS

Os espinafres são uma excelente fonte de ferro, mas os seus benefícios nutricionais são muito mais do que isso. Contém uma série de fitoquímicos e micronutrientes. Os micronutrientes incluem a vitamina A, C, K e folato. Os minerais incluem cálcio, ferro e potássio. A vitamina E, algumas vitaminas B e minerais como o manganês, o zinco e o magnésio encontram-se em pequenas quantidades. Os espinafres são também uma fonte rica de fibras (Carolyn Lister, 2007).

1.1.3.2 FITOQUÍMICOS E COMPOSTOS FENÓLICOS

Os principais fitoquímicos presentes nos espinafres são os carotenóides, o β-caroteno, a luteína e a zeaxantina. Também se encontram o α-lipóico, a betaína, a clorofila e a glutationa. Os carotenóides, também designados por tetraterpenóides, são pigmentos orgânicos amarelos, cor de laranja e vermelhos que se encontram em vários frutos e legumes. Os carotenóides são cobertos pela clorofila. Os carotenóides encontram-se em grandes quantidades nos vegetais de folha, que têm folhas verde-escuras. Os carotenos e as xantofilas são duas classes de carotenóides (Carolyn Lister, 2007). Nem todas as plantas, mas a maior parte delas, contêm um grupo de compostos fenólicos. A sua estrutura química e reatividade são diferentes, mas têm no mínimo um anel de benzeno com o grupo hidroxilo ligado a um átomo de carbono. As estruturas químicas dos compostos fenólicos variam entre o ácido cafeico e os taninos. Os ácidos fenólicos, os flavonóides, os lignanos, os estilbenos, as cumarinas e os taninos são um dos compostos fenólicos mais encontrados nos alimentos. Os espinafres são uma fonte rica de quercetina e luteonil (Carolyn Lister, 2007).

1.1.4 BENEFÍCIOS PARA A SAÚDE

Os espinafres abrandam o crescimento do cancro. Além disso, os espinafres contêm grandes quantidades de antioxidantes, o que ajuda a combater o cancro. Vários estudos em humanos sugerem que o consumo de espinafres uma ou duas vezes por semana ajuda a prevenir o cancro da mama e leva a uma redução do risco de cancro da próstata. Foi demonstrado que os espinafres melhoram o stress oxidativo, a saúde dos olhos e a pressão arterial. Os olhos humanos também contêm grandes quantidades de zeaxantina e luteína, que protegem os olhos dos danos causados pela luz solar. Alguns estudos mostram que a zeaxantina e a luteína ajudam a prevenir a degeneração mascular e as cataratas, que são a causa da cegueira. Os espinafres demonstraram ajudar a moderar os níveis de tensão arterial e a diminuir o risco de doenças cardíacas. Também ajuda a melhorar a saúde do coração. Os espinafres contêm antioxidantes que ajudam a combater o stress oxidativo e ajudam a reduzir o envelhecimento e o risco de diabetes e cancro (Carolyn Lister, 2007).

1.1.5 NUTRIENTES

1 chávena de espinafres cozidos, que tem aproximadamente 180 gramas, serve uma excelente quantidade de nutrientes. Segue-se a tabela que fornece detalhes sobre o %DV que uma porção de espinafres fornece para cada um dos nutrientes.

NUTRIENTES	%DV
Vitamina K	987%
Vitamina A	105%
Manganês	73%
Folato	66%%
Magnésio	37%
Ferro	36%
Cobre	34%
Vitamina B2	32%
Vitamina B6	26%
Vitamina E	25%
Cálcio	24%
Vitamina C	24%
Potássio	18%
Fibra	15%
Vitamina B1	14%
Fósforo	14%
Zinco	12%
Proteína	11%
Colina	8%
Gorduras ómega 3	7%
Vitamina B3	6%
Selénio	5%
Ácido pantoténico	5%

Quadro 1- Nutrientes (%DV) numa chávena de espinafres cozidos (Muhammad Iqbal Jakhro e Syed Ishtiaq Shah *et al.,*2017).

Os espinafres são geralmente pobres em calorias e gorduras e ricos em proteínas por caloria, fibras alimentares, vitamina C, carotenóides pró-vitamina A, folato, manganésio e vitamina K. Os espinafres são enriquecidos com uma grande quantidade de ferro, cuja utilização protege de doenças como a osteoporose e a anemia. Para além disso, tem inúmeras vantagens terapêuticas. Esta folha verde é rica em vitaminas hidrossolúveis, vitaminas lipossolúveis, minerais e uma grande variedade de fitonutrientes. Os espinafres curam a inflamação excessiva, o que normalmente reduz o fator de risco de aumento do cancro, sendo também utilizados para curar distúrbios gastrointestinais, ajudar a estimular o crescimento e o apetite das crianças e curar a fadiga. O teor de vitamina K nos espinafres é particularmente elevado, uma vez que se trata de tecidos fotossintéticos e a filoquinona está envolvida na fotossíntese. Os derivados do ácido ρ-cumárico, que apresentam atividade antioxidante, e os derivados do ácido glucurónico dos flavonóides, compostos químicos bioactivos que promovem a boa saúde, encontram-se em abundância nos espinafres, o que dificilmente se verifica noutros vegetais de folha (Chenping Xu e Beiquan Mou, 2016).

1.2 REGULADORES DO CRESCIMENTO DAS PLANTAS

A floricultura, a olericultura, a fruticultura e a jardinagem, os viveiros, as plantas medicinais, condimentares e aromáticas, os cogumelos e outros grupos de plantas cultivadas estão incluídos na horticultura. Os reguladores de crescimento das plantas são utilizados no domínio da horticultura para compreender a perspetiva dos sistemas vegetais. As hormonas vegetais são as substâncias produzidas naturalmente pelas plantas e que estão envolvidas na modificação dos processos fisiológicos das plantas. Se produzidas sinteticamente, são conhecidas como reguladores de crescimento vegetal (João Paulo Tadeu Dias, 2019). A importância dos reguladores de crescimento das plantas foi reconhecida pela primeira vez na década de 1930. Atualmente, os PGRs são utilizados para modificar a taxa de crescimento e o padrão da cultura, envolvendo diferentes fases de crescimento, desde a germinação até aos métodos de preservação pós-colheita. A utilização atual de PGRs afecta indiretamente o rendimento. As outras utilizações dos PGRs são as seguintes:

-Parar o acamamento dos cereais.

-Prevenir a queda de frutos antes da colheita.

-Para facilitar a colheita mecânica, sincroniza a maturação.

-Apressar a maturação para diminuir o tempo de rotação.

-O número de trabalhadores é reduzido.

Estudos demonstraram que, em culturas de cereais como a soja, o trigo, o milho e o arroz, existem materiais capazes de modificar as características de crescimento das culturas, como a altura, o crescimento dos rebentos e das raízes, o número de sementes, a maturidade e o acamamento. É de notar que as alterações das características das culturas nem sempre se traduzem num aumento do rendimento das culturas (Charles L. Harms e Edward S. Oplinger, 1988).

1.2.1 CLASSES DE REGULADORES DE CRESCIMENTO

Os PGR, sejam eles naturais ou sintéticos, pertencem a uma das seguintes classes.

1.2.1.1 AUXÍLIOS

A auxina pode funcionar tanto como hormona vegetal estimulante do crescimento como inibidora do crescimento. A resposta dos rebentos, botões e raízes à auxina não é semelhante. Por exemplo, o 2,4-D é um herbicida do tipo auxina que, se tomado em concentrações mais baixas, estimula o aumento das células e, se tomado em concentrações mais elevadas, desencoraja o aumento e, por vezes, é considerado nocivo para as células. Estimula a diferenciação das células, a formação de raízes em estacas de plantas e ajuda a formar os tecidos do xilema e do floema.

1.2.1.2 GIBERELINAS

Contribui para o alongamento das células e para a divisão dos rebentos. Contribui para a estimulação do ácido ribonucleico e para a síntese de proteínas nas células.

1.2.1.3 CITOCININAS

Ajudam na divisão das células, no alargamento das células, promovem a senescência e o transporte de aminoácidos nas células vegetais.

1.2.2 INIBIDORES

A outra classe é conhecida como inibidores, que incluem o etileno e o ácido abscísico, que são compostos químicos produzidos internamente pelas plantas que impedem a ação catalítica de uma enzima específica.

Em geral, espera-se que os PGRs (1) estimulem a germinação, (2) promovam o crescimento das raízes, (3) ajudem na mobilização e translocação dos nutrientes das plantas, (4) melhorem a tolerância ao stress, (5) ajudem na maturação, (6) ajudem na resistência às doenças, (7) atrasem a senescência, (8) aumentem a qualidade e o rendimento da cultura, (9) desenvolvam as relações hídricas (Charles L. Harms e Edward S. Oplinger, 1988).

1.2.3 CINETINA

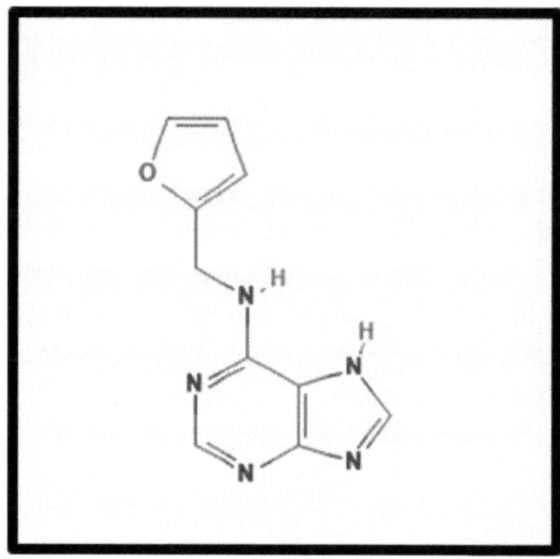

Fig.-2: cinetina

Recuperado em: 17-03-2020

(https://images.app.goo.gl/YnP6uV4EB1WrvM2cA).

A primeira citocinina a ser isolada e identificada foi a cinetina, no ano de 1955, como um composto do ADN do esperma de arenque autoclavado. Trata-se de um tipo de citocinina, uma classe de hormonas vegetais que promove a divisão celular e desempenha um papel importante na diferenciação celular. Foi isolada por Miller e Skoog (Jan Barciszewski, *et al,* 1999). Skoog e Miller descobriram que a citocinina é um fator que promove a divisão celular nas plantas, em 1950. A cinetina é um derivado da purina, a 6-furfurilaminopurina, que foi identificada como uma substância eficaz que foi posteriormente sintetizada em 1956. Skoog e Miller mostraram que a regulação hormonal da morfogénese das plantas em 1957, após a descoberta da cinetina, ajudou no controlo da formação de raízes e rebentos na cultura de calos (Dipesh P. Mahajan, 2016).

1.3 STRESS ABIÓTICO NAS PLANTAS

Tal como os diferentes organismos vivos, as plantas encontram diferentes factores de stress ambiental que influenciam a sua sobrevivência e crescimento. Por stress abiótico entende-se qualquer stress para as plantas que suprima a sua capacidade de crescimento e desenvolvimento. O stress abiótico diminui o rendimento das culturas em cerca de 69%. Os principais factores de stress abiótico são a seca, as temperaturas extremas e a elevada salinidade dos solos (Jawaher Alkahtani, 2018).

1.3.1 SALINIDADE (stress de NaCl)

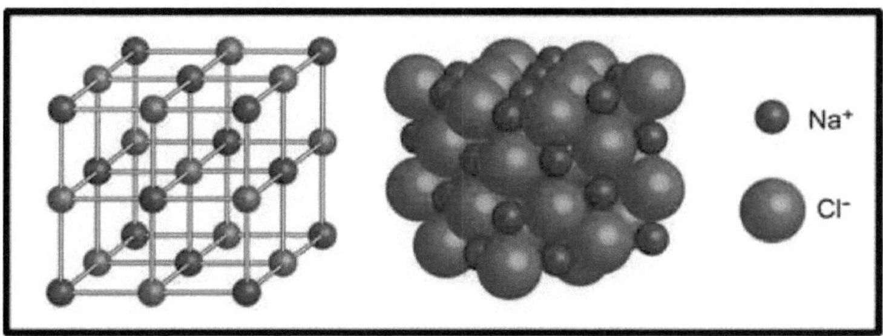

Fig.-3: NaCl

Recuperado em: 17-03-2020

(https://images.app.goo.gl/NwceiuxWWmYGH7Ss6).

O problema mais importante a ter em conta nas culturas agrícolas é a elevada salinidade das terras agrícolas produtivas. Calcula-se, grosso modo, que cerca de 10% da superfície terrestre e 50% das terras irrigadas são afectadas por solos salinos. As plantas dão uma resposta complexa à salinidade e observam-se alterações na morfologia, fisiologia e metabolismo das plantas. A salinidade provoca um défice de água celular nas plantas, toxicidade iónica, deficiências de nutrientes e stress oxidativo, o que conduz a vários problemas, como a inibição do crescimento, danos moleculares e também a morte da planta. Cerca de 12 mil milhões de dólares é a perda anual global na produção agrícola devido a terras afectadas pelo sal (Chenping Xu e Beiquan Mou, 2016). Devido a razões naturais e antropogénicas, cerca de 950 milhões de hectares de terra estão afectados pelo sal em regiões áridas e semi-áridas (Aronson, J. *et al.*, 1985).

A salinidade está a tornar-se um problema grave devido à gestão inadequada dos recursos naturais. A salinidade cria um desequilíbrio hídrico e iónico nas plantas devido à existência de iões venenosos. As plantas afectadas pelo stress salino apresentam um crescimento atrofiado e a cor das folhas torna-se mais escura (Sonia Rani, Manoj Kumar Sharma *et al.*, 2019). Em geral, também reduz as taxas fotossintéticas e respiratórias das plantas. A salinidade também afecta os hidratos de carbono totais, o teor de proteínas e os ácidos gordos, mas ajuda a aumentar os níveis de aminoácidos, em especial o nível de prolina. Observa-se geralmente que as plantas cultivadas sob stress salino têm alguns produtos vegetais secundários mais elevados do que as culturas cultivadas em condições normais. A interação entre a salinidade e outros factores ambientais determina a tolerância das plantas à salinidade. A salinidade afecta especialmente a produção vegetal em regiões áridas e semi-áridas. O efeito nocivo do stress salino na produção vegetal pode ser classificado em três grupos: (1) o primeiro grupo, em que cria stress hídrico nas plantas ao reduzir o potencial osmótico da solução do solo, (2) o segundo grupo, em que o arejamento do solo e a permeabilidade da água diminuem devido à degeneração da estrutura física do solo, e (3) o terceiro grupo, em que a concentração de alguns iões definidos aumenta, o que inibe o metabolismo das plantas e o desequilíbrio dos nutrientes minerais (H. A. H. Said-Al Ahl e E. A. Omer, 2011).

1.3.2 CAUSAS DA SALINIDADE

1.3.2.1-Causa primária

Os solos salinos, que incluem rochas ígneas, rochas vulcânicas, arenitos, aluviões e depósitos lagunares, formam-se devido a processos geológicos, hidrológicos e pedológicos naturais. A evapotranspiração desempenha um papel importante nas regiões áridas e semi-áridas no processo de formação de solos salinos. A principal causa da salinidade nas zonas costeiras é a invasão de água salgada nos rios.

1.3.2.2-Salinização secundária

Inclui os solos que foram afectados pelo homem. O homem utiliza métodos de irrigação incorrectos ou a qualidade da água utilizada na irrigação das culturas é má, o que provoca a salinização do solo. O registo de água devido a irrigação inadequada causa a salinização antrópica em regiões áridas e semi-áridas. As razões que causam a salinização do solo, para além da irrigação inadequada, incluem (1) a principal razão para a salinidade e alcalinidade é a desflorestação que resulta na reinstalação do sal nas camadas superiores e inferiores. (2) Acumulação de sais transportados pelo ar e pela água, provenientes de efluentes industriais e águas residuais, respetivamente. (3) A contaminação química também provoca a salinização, que é muito mais frequente nos sistemas agrícolas modernos, principalmente nos sistemas de agricultura intensiva e nas estufas. (4) Outra razão é o sobrepastoreio, geralmente observado em regiões áridas e semi-áridas (H. A. H. Said-Al Ahl e E. A. Omer, 2011).

1.4 ANÁLISE *IN SILICO*

A análise *in silico* refere-se a experiências efectuadas com recurso a computadores ou a simulações informáticas. As abordagens in silico oferecem uma solução viável para os métodos experimentais que são utilizados para caraterizar as proteínas de diferentes organismos, o que implica demasiado tempo e custos elevados, para além do facto de estes métodos não serem compatíveis com técnicas de elevado rendimento (Sahay A. e Shakya M., 2010).

1.4.1 DOCAGEM MOLECULAR

É um processo para analisar e estudar a interação entre um ligando e uma molécula de proteína numa região específica da proteína recetora. É útil na análise de ligações não covalentes que formam um complexo estável de potencial eficácia e maior especificidade. O principal objetivo da docagem molecular consiste em formular a hipótese de um complexo ligando-recetor com conformações óptimas, juntamente com uma energia livre de ligação válida (Ayaz Mahmood Dar e Shafia Mir, 2017).

1.4.2 MÉTODOS DE ACOPLAMENTO MOLECULAR

Existem dois métodos envolvidos na acoplagem:

1- Acoplamento proteína-ligante
2- Docagem proteína-proteína (Prieto-Martínez F. D. *et al.*, 2019).

1.4.3 RESULTADOS

Utilizando o docking molecular, é possível prever com precisão a estrutura de um ligando dentro das restrições do local de ligação de um recetor e a força da ligação pode ser estimada (Yuriev E. e Ramsland P. A., 2013).

1.5 OBJECTIVO DA INVESTIGAÇÃO

1.5.1 Objectivos:

1. Estudo morfológico em resposta ao stress salino em *Spinacea oleracea* L.
2. Estudo morfológico em resposta à cinetina em *Spinacea oleracea* L.
3. Análise in silico de *Spinacea oleracea* L. (Docagem molecular e modelação de homologia).

2. REVISÃO DA LITERATURA

2.1 ESPINHOL

Os espinafres, com muitos nutrientes, de baixo teor calórico, são um superalimento. É essencial para a saúde da pele, do cabelo e dos ossos. Está repleto de proteínas, ferro, vitaminas e minerais. O consumo de espinafres traz benefícios para a saúde, como a melhoria do controlo da glicose no sangue em pessoas que sofrem de diabetes, a redução do risco de cancro e a saúde dos ossos. Sendo barato e fácil de preparar, pode ser incorporado na nossa dieta e é utilizado por pessoas de várias culturas em todo o mundo, especialmente nas cozinhas mediterrânica, do Médio Oriente e do Sudeste Asiático. Pertence a uma família de potências nutricionais que inclui a beterraba, a acelga e a quinoa, ou seja, a família Chenopodiaceae. O lombardo, o semi-lombardo e a folha lisa são três tipos diferentes de espinafres disponíveis (Al-Qumboz A. *et al.*, 2019).

A produção mundial de espinafres atingiu 20,79 milhões de toneladas, estando a China no topo da lista de produção com 18,78 milhões de toneladas (Galla N. R. *et al.*, 2017).

2.1.1 VALOR DOS ESPINAFRES

Os carotenóides, os flavonóides, as vitaminas (C e E) e os compostos fenólicos têm efeitos antioxidantes e todos eles controlam o efeito dos radicais livres para diminuir os seus efeitos nocivos. Os espinafres são utilizados na nossa vida quotidiana e têm efeitos antioxidantes que desempenham um papel importante na melhoria da nossa saúde. Têm compostos activos que se tornam facilmente disponíveis para o corpo. Os compostos que são estáveis ao calor e não tóxicos quando consumidos foram considerados como uma importante mistura antioxidante natural que é saliente nos seres humanos (Miano T. F., 2016).

2.1.2 UTILIZAÇÕES MEDICINAIS

As folhas de espinafre são utilizadas tradicionalmente como medicamento como refrescante, diurético, antipirético, maturante, laxante, digestível, cálculos urinários, em dores de garganta, dores nas articulações, sede, lumbago, constipação e espirros, sarna anelar, dor de olhos, leucoderma, biliosidade, flatulência e febres.

2.1.3 DOENÇAS DOS ESPINAFRES

2.1.3.1 Míldio

É uma doença da folhagem causada por oomicetas. Propaga-se através de esporos transportados pelo ar, durante o tempo húmido, o que é favorecido pela humidade prolongada das folhas. Inicialmente, formam-se manchas amarelas baças a brilhantes nos cotilédones ou nas folhas. Gradualmente, as manchas aumentam, tornam-se castanhas e secam. O crescimento púrpura do fungo observa-se na parte inferior das folhas. As folhas ficam distorcidas e enroladas se a doença for extensa. Os espinafres densamente plantados têm muita humidade, o que cria as condições ideais para o desenvolvimento das doenças. A causa secundária da sobrevivência e da propagação desta doença é a dispersão de esporos no ar pelo vento e no campo por salpicos de água. A elevada humidade do solo, a humidade relativa > 90%, a plantação densa e a rega ou chuva frequentes são as condições favoráveis ao desenvolvimento e à propagação da doença.

2.1.3.2 Antracnose

É uma doença causada por um fungo que ataca habitualmente as cucurbitáceas entre os produtos hortícolas. Inicialmente, formam-se pequenas lesões arredondadas, encharcadas de água, nas folhas novas e velhas, que mais tarde se transformam em lesões acastanhadas e tornam-se papulosas e finas. No tecido doente, formam-se acérvulos, ou seja, pequenos corpos de frutificação negros. A principal razão para a sobrevivência e propagação é o inóculo transportado pela semente e o micélio dormente e a sobrevivência secundária são os esporos que se propagam de planta para planta através de salpicos de água da chuva e de aspersores. Um teor de humidade elevado e uma humidade relativa >90% são as condições favoráveis para a propagação da doença.

2.1.3.3 Mancha foliar de Cladosporium

Esta doença pode ser considerada mais grave na produção de sementes de espinafre do que nas culturas de espinafre. Os sintomas mostram manchas redondas e acastanhadas nas folhas, onde se desenvolvem micélio e esporos verde-escuros. Os agentes patogénicos que sobrevivem nas sementes são principalmente a fonte de inóculos e de propagação da doença. Os conídios são a outra fonte de propagação e sobrevivência desta doença. As condições favoráveis para a propagação desta doença ocorrem durante a primavera, quando chove muito.

2.1.3.4 Mancha foliar de Stemphylium

Os sintomas iniciais desta doença são semelhantes aos da mancha foliar de Cladoporium. Inicialmente, surgem manchas foliares cinzento-esverdeadas, pequenas, circulares a ovais. Mais tarde, estas manchas aumentam de tamanho, a forma permanece a mesma e a textura torna-se papeleira. Esta doença pode ser facilmente diferenciada de doenças foliares como o míldio, a antracnose, etc., uma vez que não existem sinais visuais de crescimento de fungos. As sementes infectadas são a principal fonte de sobrevivência e propagação da doença e a fonte secundária de sobrevivência é através dos conídios. A presença de humidade elevada constitui as condições favoráveis para o desenvolvimento da doença.

2.1.3.5 Amortecimento e podridão radicular

Esta doença ocorre quando há uma má drenagem do solo e uma semente velha é plantada em condições húmidas e frias. Vários fungos, incluindo espécies como rhizoctonia, fusarium e phytopthora, podem causar o apodrecimento das sementes. O fungo do solo pythium é o principal responsável por esta doença. A doença apresenta muitos sintomas, como a fraca germinação das sementes, a morte pré-emergente das plântulas, a morte das plântulas recém-emergidas, o crescimento atrofiado das plantas, o amarelecimento das folhas inferiores, a murchidão e o fraco crescimento e, eventualmente, a morte das plantas mais velhas. A fonte primária de infeção é o inóculo presente no solo e a fonte secundária de infeção é através de conídios pela chuva ou pelo vento. Plântulas amontoadas, humidade, humidade elevada e humidade do solo, baixas temperaturas, má drenagem, etc. proporcionam condições favoráveis à propagação da doença (Al-Qumboz A. *et al.*, 2019).

2.1.4 COLHEITA, MANUSEAMENTO E ARMAZENAGEM

Os espinafres podem ser colhidos quando aparecem pelo menos 6-7 folhas, ou seja, cerca de 40-60 dias depois, e geralmente são colhidos acima do nível do solo. Colher durante a parte mais fresca do dia, ou seja, de manhã ou ao fim da tarde, quando a cultura é tenra, exuberante e verde antes de as folhas se tornarem espessas. Os espinafres podem ser armazenados à temperatura de 0°C e humidade relativa de cerca de 90%-100% durante cerca de 10-14 dias.

2.2 INTRODUÇÃO À SALINIDADE

A floricultura, a olericultura, a fruticultura e a jardinagem, os viveiros, as plantas medicinais, condimentares e aromáticas, os cogumelos e outros grupos de plantas cultivadas estão incluídos na horticultura.

Tal como os diferentes organismos vivos, as plantas deparam-se com diferentes factores de stress ambiental que influenciam a sua sobrevivência e crescimento. Por stress abiótico entende-se qualquer stress para as plantas que suprima a sua capacidade de crescimento e desenvolvimento. O stress abiótico diminui o rendimento das culturas em cerca de 69%. Os principais factores de stress abiótico são a seca, a temperatura extrema e a elevada salinidade dos solos (Alkahtani J. 2018). Devido a razões naturais e antropogénicas, cerca de 950 milhões de hectares de terra estão afectados pelo sal em regiões áridas e semi-áridas (Aronson, J. *et al.*, 1985).

De acordo com a evolução adaptativa, as plantas podem ser divididas em dois tipos: em primeiro lugar, as halófitas, ou seja, as plantas que podem sobreviver sob stress salino e, em segundo lugar, as glicófitas, ou seja, que não podem sobreviver ao stress salino e morrem (Gupta, B. e Huang, B., (2014). As halófitas respondem à salinidade a nível celular, dos tecidos e da planta inteira (Aslam R., *et al.*, 2011). As halófitas têm o melhor germoplasma para sobreviver em condições salinas e podem prosperar em condições extremas de stress salino (Mishra, A. e Tanna, B., 2017). As halófitas podem ser classificadas em a) obrigatórias, b) facultativas e c) indiferentes ao habitat com base no aspeto ecológico (Hasanuzzaman M. *et al.*, 2014).

Em muitas regiões do mundo, os solos são demasiado salinos para as culturas económicas, o que afecta o crescimento das plantas através do stress oxidativo e dos efeitos osmóticos (Joseph, B. *et al.*, 2011).

O problema mais importante a ter em conta nas culturas agrícolas é a elevada salinidade das terras agrícolas produtivas. Calcula-se, grosso modo, que cerca de 10% da superfície terrestre e 50% das terras irrigadas são afectadas por solos salinos. As plantas dão uma resposta complexa à salinidade e observam-se alterações na morfologia, fisiologia e metabolismo das plantas. A salinidade provoca um défice de água celular nas plantas, toxicidade iónica, deficiências de nutrientes e stress oxidativo, o que conduz a vários problemas, como a inibição do crescimento, danos moleculares e também a morte da planta. Cerca de 10 mil milhões de dólares é a perda anual global na produção agrícola devido a terras afectadas pelo sal (Xu, C. e Mou, B., 2016).

A salinidade está a tornar-se um problema grave devido a uma gestão inadequada dos recursos naturais. A salinidade cria um desequilíbrio hídrico e iónico nas plantas devido à existência de iões venenosos. As plantas afectadas pelo stress salino apresentam um crescimento atrofiado e a cor das folhas torna-se mais escura (Rani, S. *et al.*, 2019).

As plantas respondem ao stress salino em duas fases diferentes: uma fase osmótica que impede o crescimento das folhas jovens e uma fase iónica que acelera a senescência das folhas maduras (Munns, R. *et al.*, 2008).

Em geral, também reduz as taxas fotossintéticas e de respiração das plantas. A salinidade também afecta os hidratos de carbono totais, o teor de proteínas e os ácidos gordos, mas ajuda a aumentar os níveis de aminoácidos, em especial o nível de prolina. Observa-se geralmente que as plantas cultivadas sob stress salino têm alguns produtos vegetais secundários mais elevados do que as culturas cultivadas em condições naturais. A interação entre a salinidade e outros factores ambientais determina a tolerância das plantas à salinidade. A salinidade afecta especialmente a produção vegetal em regiões áridas e semi-áridas. O efeito nocivo do stress salino pode ser classificado em três grupos: (1) o primeiro grupo, em que cria stress hídrico nas plantas ao reduzir o potencial osmótico da solução do solo, (2) o segundo grupo, em que o arejamento do solo e a permeabilidade da água diminuem devido à degeneração da estrutura física do solo, e (3) o terceiro grupo, em que a concentração de alguns iões definidos aumenta, o que inibe o metabolismo das plantas e o desequilíbrio dos nutrientes minerais (Said-Al Ahl *et al.*, 2011). As concentrações elevadas de sulfatos, carbonatos e bicarbonatos também afectam os solos salinos. A estrutura deficiente do solo e o arejamento deficiente são também as razões (Waisel, Y., 2012).

2.2.1 TOLERÂNCIA DAS PLANTAS AO STRESS SALINO

De acordo com o Programa das Nações Unidas para o Ambiente, cerca de 20% das terras agrícolas e 50% das terras cultivadas em todo o mundo enfrentam problemas de salinidade. As possibilidades calóricas e nutricionais da produção agrícola são limitadas pelas condições de stress salino das terras. Estas restrições são mais visíveis em zonas onde a distribuição de alimentos é um problema devido à insuficiência de infra-estruturas. Os factores genéticos determinantes da tolerância ao sal e da estabilidade do rendimento são os recursos fundamentais da biotecnologia. O esforço substancial de investigação deve ser concentrado para reconhecer os factores de tolerância ao sal e os componentes que regulam o comando durante o episódio de stress. O recurso adicional de informação que mostra a perceção de como as plantas se apercebem do stress salino, como se defendem do stress e adquirem um crescimento estável na terra salina. O stress hiperosmótico e o desequilíbrio iónico provocam uma salinidade elevada que apresenta efeitos secundários. Basicamente, as plantas suportam ou mantêm-se afastadas do stress salino, o que significa que estão na fase de repouso durante o stress salino ou que as células se adaptariam às condições salinas. Os mecanismos de tolerância são classificados naqueles que são utilizados para reduzir o stress osmótico ou o desequilíbrio iónico ou para parar os efeitos secundários resultantes destes stresses. Em primeiro lugar, o desequilíbrio do potencial hídrico é provocado pelo potencial químico da solução salina entre o apoplasto e o simplasto, o que provoca uma diminuição do turgor e, por conseguinte, uma redução do crescimento (Shuji Yokoi *et al.*, 2002).

A sobrevivência das plantas em condições desfavoráveis depende da integração de alterações metabólicas e estruturais adaptativas ao stress (Golldack, D. *et al.*, 2014).

A utilização de variedades tolerantes ao sal é uma das formas eficazes de resolver o problema da salinidade. A resposta das plantas ao aumento da concentração de sal varia consoante a sua tolerância inerente ao sal. A tolerância das culturas ao sal pode variar em função das condições ambientais da planta e das suas fases de crescimento. O estado nutricional, o desequilíbrio iónico e os processos fisiológicos são todos afectados pelo stress de NaCl. As plantas sofrem de stress salino devido à retenção osmótica de água e a outros efeitos iónicos no protoplasma. O excesso de Na+ e Cl- no protoplasma revela perturbações no equilíbrio iónico e também efeitos específicos dos iões nas proteínas e membranas das enzimas. O sal aumenta no solo e há uma diminuição do potencial hídrico, pelo que as células acabam por se dividir e alongar. Em condições de stress hídrico, os estomas tendem a fechar-se e, consequentemente, há uma redução da fotossíntese. Devido ao stress salino, as plantas perdem a sua biomassa e apresentam um crescimento deficiente (Yilmaz, K. *et al.*, 2004). A capacidade das plantas para absorver água é reduzida pelo stress salino, o que leva a um crescimento deficiente, conhecido como efeito de défice hídrico do stress salino (Nawaz, K. *et al.*, 2010).

A defesa antioxidante, a homeostase iónica, o soluto compatível e os factores de transcrição são os mecanismos de tolerância utilizados pelas plantas que são aplicáveis a manipulações práticas (Bahmani, K. *et al.*, 2015). Muitas variedades tolerantes ao sal reúnem metabolitos metilados que desempenham um importante papel duplo de osmo-protectores e como eliminadores de radículas em condições de stress salino (Yokoi, S. *et al.*, 2002). É importante identificar os genes que são importantes para a tolerância ao sal e, por conseguinte, a engenharia genética é uma estratégia alternativa para gerar culturas tolerantes ao sal (Aslam, R. *et al.*, 2011). Nas halófitas, a tolerância ao sal depende dos compartimentos de iões que são essenciais para a osmorregulação nos vacúolos e do ajustamento osmótico do citoplasma numa base celular (Flowers, T. J., 1985). O solo torna-se anaeróbico devido a inundações, mas as halófitas podem tolerar esta condição, uma vez que produzem ramos adventícios que contêm células de aerênquima (Colmer T. D., e Flowers T. J., 2008).

2.2.2 ORIGEM DOS SAIS

Os problemas de alagamento são responsáveis pela criação de salinidade nos solos. O nível de salinidade depende do tipo de solo, da hidrologia, das condições climáticas e das práticas de irrigação, pelo que as zonas alagadas, bem como os terrenos baldios, podem enfrentar o problema da salinidade ou da alcalinidade. A salinidade surge em terras irrigadas ou em regiões áridas e semi-áridas onde a precipitação anual é inadequada para satisfazer as necessidades de evaporação das plantas. Consequentemente, os sais não são lixiviados corretamente e permanecem no solo. As razões incluem a meteorização mineral sem lixiviação, a dissolução de sais fósseis, a deposição atmosférica, o movimento do sal com a água e o movimento ascendente com a água capilar.

2.2.3 SOLOS AFECTADOS POR SAIS

Os solos afectados por sais podem ser agrupados em três categorias diferentes, consoante o total de sais solúveis e a quantidade de sais de sódio: salinos, sódicos e salino-sódicos.

Classificação dos solos afectados por sais

Tipo	CE (dS/m)	pH	SAR	ESP
Salina	>4	<8.5	<13	<15
Sódico	<4	>8.5	>13	>15
Salino-sódico	>4	<8.5	>13	>15

Tabela-2: Solos afectados pelo sal

2.2.4 DISTRIBUIÇÃO GLOBAL DA SALINIDADE

Variação dos níveis de salinidade no mundo, em milhões de hectares (Mha)

REGIÕES	ÁREA TOTAL (Mha)	SOLOS SALINOS		SOLOS SÓDICOS	
		Mha	%	Mha	%
África	1899	39	2.0	34	1.8

Ásia, Pacífico e Austrália	3108	196	6.3	249	8.0
Europa	2011	07	0.3	73	3.6
América Latina	2039	61	3.0	51	2.5
Nordeste	1802	92	5.1	14	0.8
América do Norte	1924	05	0.2	15	0.8
Total	12782	397	16.9	436	16.7

Quadro 3: Níveis de salinidade no mundo

2.2.5 SOLOS AFECTADOS POR SAL NA ÍNDIA

Não.	Estado	Solo salino (ha)	Solo sódico(ha)	Total (ha)	Total (Lac ha)
1	Andhra Pradesh	77,598	196,609	274,207	2.74
2	Ilhas A e N	77,000	0	77,000	0.77
3	Bihar	47,301	105,852	153,153	1.53
4	Gujarat	1,680,570	541,430	2,222,000	22.22
5	Haryana	49,157	183,399	232,556	2.32
6	Karnataka	1,893	148,136	150,029	1.50
7	Kerala	20,000	0	20,000	0.20
8	Maharashtra	184,089	422,670	606,759	6.07
9	Madhya Pradesh	0	139,720	139,720	1.40
10	Orissa	147,138	0	147,238	1.47
11	Punjab	0	151,717	151,717	1.52
12	Rajastão	195,571	179,371	374,942	3.75
13	Tamil Nadu	13,231	354,784	368,015	3.68
14	Uttar Pradesh	21,989	1,346,971	1,368,960	13.69
15	Bengala Ocidental	441,272	0	441,272	4.41
	Total	2,956,809	3,770,659	6,727,468	67.27

Quadro 4: Solos afectados pelo sal na Índia

(Sharma, P., 2016).

2.2.6 RESPOSTAS DO ESPINAFRE À SALINIDADE

O crescimento do espinafre foi afetado por condições salinas. O stress salino sofrido pelos espinafres reduziu a FW dos rebentos em 34% e a DW em 27%. Sob stress salino, a RWC das folhas foi grandemente reduzida. Quando a concentração de sal é aumentada nas plantas, leva a uma aclimatação gradual das plantas para evitar a morte inesperada das plantas em condições de elevada salinidade. A salinidade influencia uma inibição do crescimento de rebentos específica do ião, que é gerada pela interferência na nutrição mineral. Alguns estudos anteriores sugerem que o teor de clorofila nos espinafres foi diminuído por uma solução de NaCl de elevada concentração de 200 ou 172 mM. Por outro lado, a fluorescência da clorofila não foi afetada. Foi demonstrado que o teor de clorofila não foi alterado por uma aplicação de 50 milimoles de NaCl/kg, mas, de acordo com um estudo relatado anteriormente, foi demonstrado que, com a aplicação de uma solução de 60 mM, o teor de clorofila dos espinafres foi reduzido. De acordo com o presente estudo, verificou-se que o teor de clorofila e a fluorescência dos espinafres aumentaram com um ligeiro stress salino. O presente estudo indicou que o SLA dos espinafres, que é uma função da matéria seca e da espessura da folha, diminuiu devido ao stress salino. Como resultado do stress salino, o espinafre apresenta frequentemente uma espessura da folha. O stress salino aplicado aos espinafres com um teor nutricional completo aumentou o teor de flavonóides e carotenóides, bem como o poder redutor e reduziu o FICA (Xu C. e Mou B. 2016).

Os efeitos do stress de NaCl em diferentes vegetais são mostrados abaixo:-

Sr. nº.	Cultura	Imagem	Efeitos	Citação
1.	Soja		-teor de clorofila reduzido -Nível de isoflavonas reduzido Aumento da biossíntese de - ABA	(Muhammad Hamayun *et al.*, 2015)
2.	Milho		-diminuição da taxa de germinação -redução do crescimento dos rebentos -aceleração da abscisão foliar -inibição da absorção e translocação de potássio, cálcio e azoto -fixação de carbono inibida -peso e número de grãos reduzidos	(Muhammad Farooq *et al.*, 2015)
3.	Beterraba sacarina		-diminuição do crescimento -redução do peso seco da raiz e do rebento -aumento do teor de clorofila da folha	(Shafiq Rehman, 2007)

4.	Couve		-diminuição do peso seco da raiz e do rebento -redução do número de folhas -redução da área foliar	(Shafiq Rehman, 2007)
5.	Capsicum		Quando a concentração de NaCl aumentou, registou-se uma diminuição do comprimento e do peso das radículas e dos hipocótilos -peso fresco e seco do rebento/raiz diminuído	(Kadir Yilmaz *et al.*, 2004)
6.	Grão-de-bico		-RWC de folhas influenciadas -o teor de água das folhas diminui -área foliar reduzida -redução do peso seco -volume de raiz altamente influenciado	(K. Fatiha *et al.*, 2019)
7.	Coentros		-diminuição da taxa de germinação das sementes -diminuição do comprimento das plantas -número reduzido de folhas -diminuição do comprimento da raiz -redução da taxa de sobrevivência	(Alaa El-Din Sayed Ewase *et al.*, 2013)
8.	Feno-grego		-A percentagem de germinação diminuiu -diminuição do comprimento das raízes e dos rebentos -número reduzido de folhas -o peso fresco e seco da raiz e do rebento diminuiu -aumento do teor de humidade -clorofila e RWC reduzidas	(Neelesh Kapoor e Veena Pande, 2015)

9.	Alface		-altura do rebento, peso fresco e seco do rebento diminuíram -RWC diminuiu -danos nas células -teor de carotenóides reduzido -necrose nos bordos das folhas -número reduzido de folhas	(Sevinc, 2019)
10.	Cebola		-redução da percentagem de germinação e do vigor das sementes	(G. Sai Sudha e K. Riazunnisa, 2015)
11.	Tomate		-flores afectadas, produção de frutos afetada e peso dos frutos influenciado -número de folhas de tomateiro reduzido -A área foliar do tomateiro foi influenciada	(Bilal Ahmed Khan Kakar *et al.*, 2020)
12.	Batata		-a produção de um tuber diminuiu -diminuição da matéria seca total -O rendimento de um utilizador diminuiu -o teor de amido dos caules aumentou	(Shubhash Chandra Ghosh *et al.*, 2001)
13.	Pepino		-Diminuição do teor de prolina -O teor de açúcar diminuiu -diminuição do teor de clorofila -redução do teor de fenol -Rendimento reduzido	(Tiwari, J. K. *et al.*, 2010)

| 14. | Brinjal |  | -diminuição do comprimento dos rebentos e das raízes
-teor de clorofila reduzido | (Ahire, M. L. e Nikam T. D., 2011). |

Tabela-5: Efeito do NaCl em diferentes culturas hortícolas

2.3 EFEITOS FISIOLÓGICOS DAS CITOCININAS (CINETINA)

2.3.1 DIVISÃO CELULAR

A divisão celular é o efeito biológico mais importante induzido nas plantas, que se observa no calo da medula do tabaco, no tecido da raiz da cenoura, nos cotilédones da soja, no calo da ervilha, etc.

2.3.2 AUMENTO DAS CÉLULAS

Uma das funções mais importantes é o aumento das células, que se observa nas folhas de *Phaseolus vulgaris*, nos cotilédones da abóbora, nas culturas de medula do tabaco, nas células corticais das raízes do tabaco, etc.

2.3.3 CONCENTRAÇÃO DA DOMINÂNCIA APICAL

As citocininas, se aplicadas externamente, ajudam a promover o crescimento de gemas laterais e param o efeito da dominância apical.

2.3.4 DORMÊNCIA DAS SEMENTES

As sementes inibem a sua germinação para esperar por condições favoráveis para germinar.

2.3.5 RETARDAMENTO DA SENESCÊNCIA

A perda de clorofila e a rápida degradação das proteínas são acompanhadas pela senescência das folhas, que pode ser adiada durante alguns dias através do tratamento com cinetina, que melhora a síntese de ARN seguida da síntese de proteínas. Richmand e Lang (1957) trabalharam com folhas destacadas de xanthium e descobriram que a cinetina ajudava a atrasar a senescência das folhas durante alguns dias.

2.3.6 INDUÇÃO FLORAL

Foi provado com sucesso que a cinetina ajuda a induzir a floração em plantas de dias curtos.

2.3.7 SÍNTESE PROTEICA

O tratamento com cinetina melhorou a translocação, o que ajudou a aumentar a taxa de síntese proteica.

As citocininas também ajudam a resistir a altas temperaturas, ao frio e a doenças em algumas plantas. Ajudam na floração e simulam a síntese de várias enzimas que estão envolvidas na fotossíntese (Pal, S. L., 2019).

2.4 PREVISÃO DE ALVOS PROTEICOS DA CINETINA UTILIZANDO MÉTODOS IN SILICO E IN VITRO: UM ESTUDO DE CASO SOBRE O MECANISMO DE GERMINAÇÃO DE SEMENTES DE ESPINAFRE

A cinetina comunica com uma vasta gama de proteínas que contribuem para a germinação das sementes, interrompendo o papel do ácido abscísico que ativa uma série de mecanismos moleculares, tal como observado em estudos anteriores. Utilizando métodos in silico, os alvos proteicos da cinetina a partir do proteoma do espinafre são aqui anotados. A cinetina foi tomada como molécula para efetuar a acoplagem inversa e a pesquisa de semelhanças com base em ligandos. O acoplamento inverso revelou seis proteínas do espinafre e o método baseado em ligandos revelou uma série de alvos proteicos. Através da comparação das listas de classificação entre os dois métodos, foram considerados os alvos proteicos mais adequados. Os materiais de propagação mais essenciais são as sementes e são também consideradas as unidades de dispersão num ecossistema, pelo que é importante considerar as sementes de melhor qualidade. O espinafre é o alimento mais nutritivo e precisa de ser produzido em grande escala para os seres humanos. A germinação das sementes é afetada por uma série de factores, como a temperatura superior a 20°C, outros produtos químicos, reguladores e inibidores do crescimento das plantas, que impedem o crescimento e a germinação das sementes. A cinetina é a citocinina mais utilizada e foram efectuados vários trabalhos com cinetina em tecidos de folhas de espinafre e na regeneração de plantas. Verificou-se que a aplicação de cinetina em espinafres ajudou na cultura de calos, ou seja, mostrou a proliferação de calos (Kumar, S. P. *et al.*, 2015).

2.5 ATRIBUTOS FÍSICO-HORMONAIS E TEOR DE ISOFLAVONAS DA SOJA CULTIVADA SOB STRESS DE SALINIDADE MODULADOS PELA CINETINA

Estudos recentes mostraram que as plantas de soja cultivadas sob stress salino em condições controladas de estufa num sistema semi-hidropónico para ver o efeito da cinetina no seu crescimento. Verificou-se que a cinetina ajudou a travar os efeitos nocivos da salinidade no crescimento e contribuiu para os parâmetros de crescimento, como a altura das plantas e a biomassa seca e fresca da soja. Devido à presença de isoflavona saudável na soja, que é utilizada na cura de doenças como as cardiovasculares, os sintomas da menopausa e os cancros da mama, da próstata e do cólon, é utilizada pela população de países como a China, a Coreia e o Japão na sua dieta diária. Muitos métodos convencionais e técnicas de melhoramento vegetal têm sido aplicados para melhorar a tolerância das plantas às condições salinas, mas são orientados para o trabalho, o que consome tempo e depende da variabilidade genética existente. A cinetina, uma citocinina sintética, tem mostrado resultados positivos na melhoria do crescimento das plantas em condições salinas. Após a aplicação de cinetina, o crescimento aumentou, suprimindo o stress de NaCl. O teor de clorofila da soja foi reduzido sob stress salino, mas não mostrou qualquer efeito no nível de clorofila pela aplicação de cinetina e NaCl. O nível de isoflavonas foi altamente afetado pelo stress salino, mas a cinetina aumentou o nível de isoflavonas e suprimiu os efeitos nocivos do stress salino. O teor de isoflavona foi encontrado no máximo em plantas tratadas com cinetina (610,9µg/g) e o menor teor de isoflavona foi encontrado em plantas tratadas com NaCl (159,8µg/g). A cinetina também estimulou o conteúdo bioativo de GA1 e GA2 em plantas de soja, que foi de 5,86 ng/g em GA1 e 11,34ng/g em GA4. Enquanto as plantas tratadas com NaCl apresentaram níveis baixos de GA1 e GA2 em comparação com a cinetina. A aplicação de cinetina também aumentou o conteúdo de SA na planta de soja. A cinetina reduziu a biossíntese de ABA na soja, enquanto as plantas tratadas com NaCl aumentaram a biossíntese de ABA (Hamayun, M. *et al.*, 2015).

2.6 POTENCIAL DA CINETINA DE ORIGEM EXÓGENA NA PROTECÇÃO DE *Solanum lycopersicum* L. DO STRESS OXIDATIVO INDUZIDO PELO NaCl

As plantas utilizam vários mecanismos de tolerância para ultrapassar os efeitos negativos das pressões ambientais e manter um metabolismo adequado, que inclui (a) acumulação de osmólitos orgânicos compatíveis, de modo a que a absorção de água e as vias fisiológicas associadas não sejam muito afectadas; (b) os níveis tóxicos de iões são repartidos por tecidos ou organelos menos sensíveis, como os vacúolos; (c) o sistema antioxidante é regulado para uma rápida neutralização das ROS tóxicas.

As tensões osmóticas e iónicas são geradas por concentrações elevadas de sal. Para ultrapassar o problema da salinidade, a suplementação de fito-hormonas pode ser uma abordagem sustentável para a produção de culturas. As hormonas de crescimento das plantas desempenham um papel importante na redução dos efeitos de diferentes stresses bióticos e abióticos e ajudam no crescimento e desenvolvimento das plantas. Está provado que a aplicação externa de cinetina demonstrou aumentar o potencial de rendimento das culturas.

O tomate (*Solanum lycopersicum* L.) é um dos legumes mais consumidos. É rico em β-caroteno, licopeno, flavonóides e ácido ascórbico. O tomate tem sido considerado um fruto anti-oxidante e anti-cancerígeno eficaz.

As culturas de tomate tratadas com NaCl apresentaram uma redução do comprimento dos rebentos e das raízes de 63,11% e 61,64%, respetivamente, enquanto as culturas de tomate tratadas com cinetina aumentaram o comprimento dos rebentos em 45,91% e o comprimento das raízes em 52,83%. As culturas de tomate tratadas com NaCl resultaram numa redução do peso seco dos rebentos e das raízes de 62,50% e 57,14%, respetivamente, enquanto as culturas tratadas com cinetina aumentaram o peso seco dos rebentos e das raízes em 60,00% e 66,66%, respetivamente.

As plantas de tomate tratadas com NaCl mostraram uma redução na síntese de clorofila a, clorofila b, clorofila total e carotenóides em 52,12%, 39,58%, 47,88% e 40,00%, enquanto a cinetina ajudou a superar os efeitos do stress salino, aumentando a síntese de clorofila a, clorofila b, clorofila total e carotenóides em 22,22%, 31,03%, 25,67% e 9,80%, respetivamente. O conteúdo relativo de água (RWC) das plantas tratadas com NaCl foi reduzido em 35,91%, enquanto foi aumentado em 17,48% nas culturas de tomate tratadas com cinetina.

Com base no resultado, concluiu-se que podemos superar o stress salino causado às plantas de tomate aplicando exogenamente cinetina às culturas (Ahanger, M. A. *et al.*, 2018).

2.7 EFEITO DA CINETINA NO CRESCIMENTO DO ALOÉ VERA E NA PRODUÇÃO DE ALGUNS COMPOSTOS MEDICAMENTE ACTIVOS

Sendo o Aloé vera rico em compostos medicinais activos como a Aloína, a Alo-Emodina, o ácido cenâmico e o Antramol, juntamente com vitaminas como a vitamina B12, a vitamina A, as vitaminas do grupo B, a vitamina C, a vitamina E, o ácido fólico, é a planta medicinal mais importante e é utilizada em todo o mundo. O gel de Aloé vera contém alguns dos aminoácidos mais importantes que não podem ser produzidos.

O efeito da cinetina no aloé vera aumentou o crescimento vegetativo, aumentando o número de folhas da planta e diminuindo assim a sua idade. A cinetina teve um efeito positivo no peso do crescimento vegetativo, aumentando o teor de clorofila através da síntese de proteínas. A cinetina incentivou a síntese de ARN, aumentando assim a taxa metabólica da planta (Razzaq, S. N. A. U. e Mohammed, S. O., 2019).

2.8 DOCAGEM MOLECULAR

A docagem molecular é uma técnica utilizada para prever a afinidade de ligação entre a proteína e o ligando com base no seu perfil interativo. O docking é frequentemente utilizado para prever a orientação da ligação de pequenas moléculas candidatas a fármacos aos seus alvos proteicos, a fim de prever a afinidade e a atividade da pequena molécula. Por conseguinte, o docking desempenha um papel importante na conceção racional dos medicamentos. Durante este processo, o ligando e a proteína ajustam-se de acordo com a sua conformação para atingir um "melhor ajuste" global e estes ajustes conformacionais resultam numa ligação global conhecida como "ajuste induzido". Um aspeto importante da modelização molecular consiste em calcular a energia das conformações e interacções utilizando métodos que vão desde a mecânica quântica até funções de energia puramente empíricas. A simulação do processo de acoplamento é um processo complicado. Neste processo, a proteína e o ligando são separados por uma distância física e, após um certo número de "movimentos" no seu espaço conformacional, o ligando encontra a sua posição no sítio ativo da proteína.

2.8.1 ABORDAGENS DE ACOPLAMENTO

Na comunidade de docagem molecular, são sobretudo populares duas abordagens.

A primeira é uma abordagem que utiliza uma técnica de correspondência que descreve a proteína e o ligando como superfícies complementares.

A segunda abordagem é um processo de acoplamento efetivo em que, de acordo com o par ligando-proteína, são calculadas as energias.

Ambas as abordagens têm algumas vantagens e limitações (Mukesh, B. e Rakesh K., 2011).

2.8.2 SOFTWARES PARA DOCAGEM PROTEÍNA-LIGANTE

NOME	ALGORITMO DE PESQUISA
AUTODOCK4	Algoritmo genético Lamarckiano
DOCAS	Correspondência de formas
OEDOCKING	Correspondência de formas
FLESKY	Baseado na montagem
SWISSDOCK	Otimização evolutiva
OURO	Algoritmo genético
GLIDE	Híbrido
VINA	Otimização local

RDOCK	Híbrido
LEDOCK	Recozimento simulado
PLANTAS	Otimização por colónias de formigas
HADDOCK	Híbrido
SURFLEX-DOCK	Correspondência de formas
MOE	Híbrido
FLEXX	Correspondência de formas
AJUSTADO	Híbrido
LIGANDFIT	Correspondência de formas
ICM	Híbrido
IGEMDOCK	Algoritmo evolutivo

Tabela-6: Exemplos de software disponível para a acoplagem proteína-ligando e respetivo algoritmo de pesquisa

2.8.3 SOFTWARE PARA A PREPARAÇÃO DE LIGANDOS PROTEICOS

SOFTWARE	CARACTERÍSTICAS
MOE	Minimização de proteínas, previsão de locais de ligação, correção de problemas de resíduos, limpeza de estruturas e atribuição de cargas com base em vários campos de força.
Maestro	Remodelação de loops, previsão do local de ligação, atribuição de tautómeros, correção de problemas de resíduos, limpeza da estrutura e atribuição de cargas.
YASARA	Remodelação de loops, atribuição de cargas, minimização de proteínas, otimização de ligações de hidrogénio, análise de contactos, análise de sítios de ligação, correção de resíduos.
Localizador de leads	Seleção de rotâmeros, atribuição de cargas, otimização da estrutura.
RosettaLigando	Atribuição de cargas, seleção de rotâmeros, otimização de circuitos, otimização de estruturas.
BALLView	Atribuição de cargas e minimização de proteínas.
DeepView	Análise de sítios de ligação, remodelação de anéis e otimização de proteínas.
Vega ZZ	Minimização de proteínas, cargas semi-empíricas, atribuição de cargas, limpeza de estruturas e correção de problemas de resíduos.
ESPORTES	Atribuição de tautómeros, correção da conetividade, otimização da geometria e preparação da estrutura.
Quimera UCSF	Minimização de proteínas, remodelação de loops, atribuição de cargas e limpeza de estruturas.
Ferramentas Autodock	Previsão do local de ligação, seleção do rotâmero, atribuição de cargas e limpeza da estrutura.

openbabel	Conversão de ficheiros, suporte de vários formatos de ficheiros e atribuição de taxas.

Tabela-7: Software utilizado para a preparação de proteínas e ligandos (Prieto-Martínez, F. D., *et al.*, 2019).

2.8.4 UniProtKB

A base de dados Universal Protein Resource Knowledgebase, ou UniProtKb (http://www.uniprot.org/), fornece à comunidade científica uma apresentação integrada e uniforme de dados sobre cerca de 54 750 270 sequências de proteínas e informações sobre a sua função biológica provenientes da literatura. A base de dados é introduzida pelo Consórcio UniProt desde 2002. Os registos das sequências de proteínas são complementados pela disponibilização de ligações a outras bases de dados. A UniProtKB também permite recuperar ou BLAST (Basic Local Alignment Search Tool) as sequências seleccionadas.

2.8.5 PDB (Banco de Dados de Proteínas)

O Protein Data Bank (PDB) (http://www.rcsb.org/pdb/home/home.do) é um repositório informático de estruturas macro-moleculares tridimensionais que foi transferido para o Research Collaboratory for Structural Bioinformatics (RCSB) desde 1998. O consórcio sem fins lucrativos Research Collaboratory for Structural Bioinformatics dedica-se a melhorar a compreensão da função dos sistemas biológicos através do estudo da estrutura tridimensional das macromoléculas biológicas. Até à data, o PDB contém 102364 estruturas que foram determinadas por cristalografia de raios X ou espetroscopia de RMN e que foram submetidas pelos investigadores.

3. MATERIAIS E MÉTODOS

3.1 Material vegetal:

Nome científico: *Spinacea oleraceae* L.

Nome comum: Espinafres, Palak

Família: Chenopodiaceae

Partes da planta utilizadas: folhas

3.2 Variedade da planta: KGP

3.3 Produtos químicos necessários: NaCl, Kinetin

3.4 Instrumentos utilizados: Balança, destilador

3.5 Diversos: Bureta, pipeta, suporte para pipetas, frasco cónico, béqueres

3.6 Stress salino

Preparação da solução concentrada de sal (%)

$$5\% = 5g \times 100 \text{ ml de água destilada}$$

$$10\% = 10g \times 100 \text{ ml de água destilada}$$

$$15\% = 15g \times 100 \text{ ml de água destilada}$$

$$20\% = 20g \times 100 \text{ ml de água destilada}$$

$$25\% = 25g \times 100 \text{ ml de água destilada}$$

3.7 Cinetina

Preparação de soluções ppm

Preparação de soluções ppm (Kinetin)

1 mg em 100 ml de água destilada = 1ppm

Por conseguinte, 10 mg em 100 ml de água destilada = 10 ppm

20 mg em 100 ml de água destilada = 20 ppm

30 mg em 100 ml de água destilada = 30 ppm

40 mg em 100 ml de água destilada = 40 ppm

50 mg em 100 ml de água destilada = 50 ppm

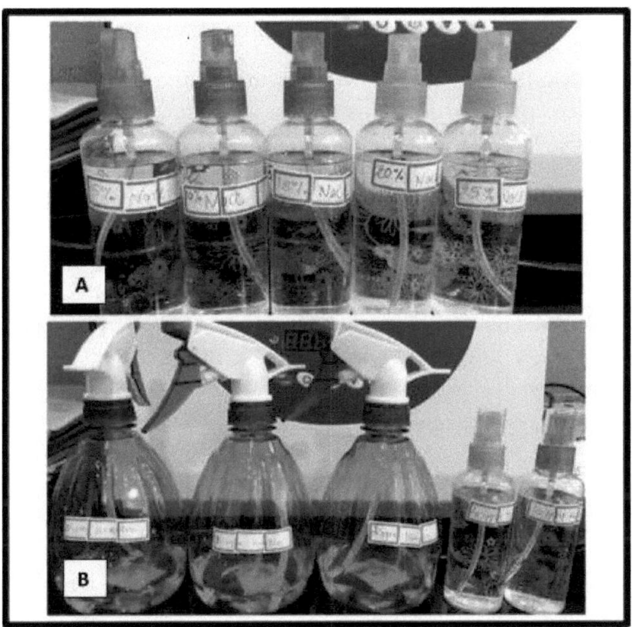

Fig.-4: A- Preparação da solução de NaCl em função da concentração,
B- Preparação da solução de cinetina em função da concentração (ppm)

3.8 FLUXOGRAMA DOS TRATAMENTOS

Fig.-5: Procedimento dos tratamentos administrados às plantas

O objetivo desta investigação foi estudar os efeitos do NaCl e da cinetina nas plantas de espinafre todas as semanas e registar os efeitos positivos e negativos.

As sementes de espinafres foram compradas numa árvore divina situada em frente ao Star Bazaar.

O espinafre foi cultivado em potomix.

Pot O mix é uma mistura de envasamento pronta a usar para o cultivo de plantas em vasos e contentores de plástico. É uma fórmula especialmente misturada que fornece às plantas de contentor as condições de solo rico de que necessitam e enriquecida com alimentos para plantas Smart-Release. Mantém a planta alimentada até seis meses com nutrientes para mais flores e cores.

Benefícios:-

-Proporcionar uma drenagem-aeração eficaz e uma capacidade de retenção de água suficiente.

-Alimenta as plantas até aos 6 meses.

-Ideal para todos os tipos de recipientes ou vasos de plantas.

As plantas de espinafre foram regadas de quatro em quatro dias durante a manhã.

Fig.-6:

A- Potomix numa panela

B- Sementes semeadas para tratamento com cinetina

C- Sementes semeadas para o tratamento com NaCl

D- Rega após a sementeira de espinafres

Fig.-7:

A- Plantas após duas semanas (Kinetin)

B- Plantas após duas semanas (NaCl)

Fig.-8:

A-25% NaCl pulverizado nas plantas

B-20% NaCl pulverizado nas plantas

C-15% NaCl pulverizado nas plantas

D-10% NaCl pulverizado nas plantas

E-5% NaCl pulverizado nas plantas

Fig.-9:

A.Pulverização foliar de cinetina a 10 ppm administrada às plântulas

B- 20 ppm de cinetina em pulverização foliar nas plântulas

C- Pulverização foliar de cinetina a 30 ppm administrada às plântulas

D- 40 ppm de cinetina em pulverização foliar nas plântulas

E- 50 ppm de cinetina em pulverização foliar nas plântulas

F- Controlo

3.9 MATERIAIS E MÉTODOS (análise *in silico*)

3.9.1 Pesquisa de modelos

A pesquisa de modelos com BLAST e HHBlits foi realizada na biblioteca de modelos SWISS-MODEL (SMTL, última atualização: 2020-02-05, última versão do PDB incluída: 2020-01-31).

A sequência alvo foi pesquisada com BLAST em relação à sequência primária de aminoácidos contida no SMTL. Foi encontrado um total de 23 modelos.

Foi construído um perfil HHblits inicial utilizando o procedimento descrito em (Norrild, R, 2022), seguido de uma iteração de HHblits contra NR20. O perfil obtido foi depois pesquisado em todos os perfis da SMTL. Foi encontrado um total de 237 modelos.

3.9.2 Seleção do modelo

Para cada modelo identificado, a qualidade do modelo foi prevista a partir das características do alinhamento entre o modelo e o alvo. Os modelos com a melhor qualidade foram então seleccionados para a construção do modelo.

3.9.3 Construção de modelos

Os modelos são construídos com base no alinhamento alvo-modelo utilizando o ProMod3. As coordenadas que são conservadas entre o alvo e o modelo são copiadas do modelo para o modelo. As inserções e as supressões são remodeladas utilizando uma biblioteca de fragmentos. As cadeias laterais são depois reconstruídas. Finalmente, a geometria do modelo resultante é regularizada utilizando um campo de forças. No caso de a modelação de anéis com o ProMod3 falhar, é construído um modelo alternativo com o PROMOD-II (Guex *et al.*, 1999).

3.9.4 Estimativa da qualidade do modelo

A qualidade do modelo global e por resíduo foi avaliada utilizando a função de pontuação QMEAN (Benkert *et al.*, 2011). Para melhorar o desempenho, os pesos dos termos individuais do QMEAN foram treinados especificamente para o SWISS-MODEL.

3.9.5 Modelação do ligando

Os ligandos presentes na estrutura modelo são transferidos por homologia para o modelo quando são cumpridos os seguintes critérios: (a) Os ligandos são anotados como biologicamente relevantes na biblioteca de modelos, (b) o ligando está em contacto com o modelo, (c) o ligando não está a colidir com a proteína, (d) os resíduos em contacto com o ligando são conservados entre o alvo e o modelo. Se algum destes quatro critérios não for satisfeito, um determinado ligando não será incluído no modelo. O resumo do modelo inclui informações sobre o motivo e o ligando que não foi incluído.

3.9.6 Conservação do estado oligomérico

A anotação da estrutura quaternária do modelo é utilizada para modelar a sequência alvo na sua forma oligomérica. O método (Bertoni *et al.*, 2017) baseia-se num algoritmo de aprendizagem automática supervisionada, Support Vetor Machines (SVM), que combina a conservação da interface, o agrupamento estrutural e outras características do modelo para fornecer uma estimativa da qualidade da estrutura quaternária (QSQE). A pontuação QSQE é um número entre 0 e 1, que reflecte a precisão esperada dos contactos entre cadeias para um modelo construído com base num determinado alinhamento e modelo. Números mais elevados indicam maior fiabilidade. Isto complementa a pontuação GMQE que estima a exatidão da estrutura terciária do modelo resultante.

3.9.7 DOCAGEM MOLECULAR

A docagem molecular é uma ferramenta importante para a modelação computacional. É utilizada para conceber os ligandos com os seus atributos electrostáticos e estereoquímicos específicos para obter uma elevada energia de ligação ao recetor. Fornece estruturas tridimensionais que permitem a inspeção precisa da topologia do local de ligação com a presença de fendas, cavidades e sub-bolsas. As propriedades electrostáticas, como a distribuição de cargas, podem ser cuidadosamente examinadas.

Foi utilizada uma técnica de otimização geométrica para desenvolver as estruturas químicas do TMRN2Ph e do 4-NT. A estrutura obtida foi tomada como hospedeiro inicial (TMRN2Ph) e convidado (4-NT) no software Accelrys Discovery Studio, versão 4.0. Com base em formas baseadas no conhecimento 3D, as pontuações energéticas são calculadas a partir do par sobreposto do hospedeiro e do hóspede que formam o complexo hospedeiro-hospedeiro. O complexo com a melhor pontuação de acoplamento é obtido por acoplamento molecular utilizando o software HEX 8.0. É também obtido o complexo com a energia livre mais baixa. As variáveis utilizadas no processo de acoplamento foram:

Tipo de correlação - forma + eletrostática

Modo FFT - 3D

Pós-processamento - MM Energies

Dimensão da grelha - 0,6

Gama de receptores - 180

Gama de ligandos - 180

Gama de torção - 360

Alcance da distância - 40

Cálculo da energia de ligação

3.9.8 MODELAGEM HOMOLÓGICA DE PROTEÍNAS CANÓNICAS de espinafres

Baseámo-nos na modelação por homologia para desenvolver modelos de proteínas de espinafre devido à indisponibilidade de estruturas proteicas do conjunto de dados de espinafre selecionado. Seleccionámos uma sequência de proteínas de cada conjunto de dados de plantas e considerámo-la "canónica", entendendo-se que a sequência selecionada apresentava alterações evolutivas mínimas e constituía resíduos dominantes nas respectivas janelas de sequência/logótipos de sequência.

A modelação por homologia pode ser definida como a previsão da estrutura de uma proteína desconhecida utilizando a estrutura de uma proteína homóloga. A qualidade de uma estrutura prevista depende do número de resíduos idênticos entre as sequências de ambas as proteínas e pode variar entre um modelo de estrutura muito bom e um modelo de estrutura inadequado.

3.9.8.1 ACOPLAMENTO MOLECULAR

Para investigar as interacções pormenorizadas entre a cinetina e o NaCl com os espinafres, foi utilizado o programa de software HEX 8.0 para realizar estudos de acoplamento molecular. A estrutura 3D modelada por homologia dos espinafres foi utilizada para a experiência de acoplamento molecular. Para efetuar a acoplagem molecular, esta estrutura foi preparada através da remoção de moléculas de água e do método de minimização da energia.

4. RESULTADOS E DISCUSSÃO

4.1 Estudo morfológico

As sementes de espinafre foram colhidas e aproximadamente 10gm de sementes foram colhidas para cada um dos testes. Os vasos contendo potomix foram etiquetados antes de as sementes serem semeadas. As sementes foram deixadas a germinar até atingirem a fase de rebento. As experiências foram realizadas em triplicado, pelo que a solução ppm de cinetina e a solução % de NaCl foram pulverizadas no solo, enquanto uma foi mantida como controlo, na qual apenas foi pulverizada água. O tratamento com NaCl e cinetina foi dado a estas mudas com duas semanas de idade e foram anotadas as características morfológicas como comprimento da raiz, comprimento do rebento, número de folhas por planta, peso fresco e peso seco por planta.

4.2 RESULTADO

4.2.1 RESULTADO PARA A CINETINA

1st leitura- 7 de janeiro

1st semana	Comprimento da raiz (cm)	Comprimento do rebento (cm)
Controlo	3.5	10.5
10 ppm	1.2	7
20 ppm	1.3	9
30 ppm	1.5	10
40 ppm	1.8	9.5
50 ppm	2.5	11.5

Tabela-8: Comprimentos da raiz e do rebento de espinafres tratados com cinetina após o primeiro tratamento

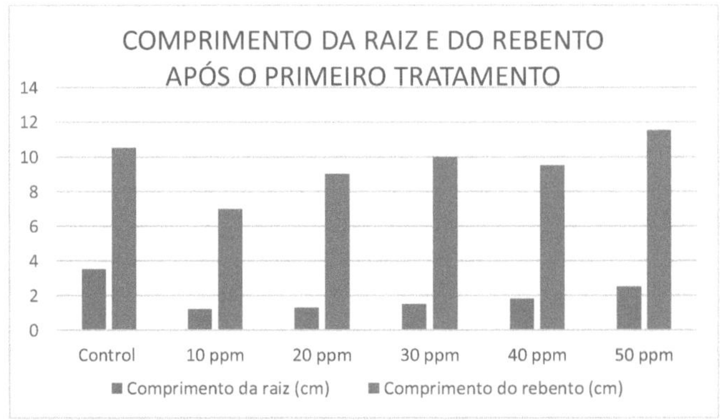

Fig.10: - Gráfico que mostra os comprimentos da raiz e do rebento das plantas de espinafre tratadas com cinetina após o primeiro tratamento

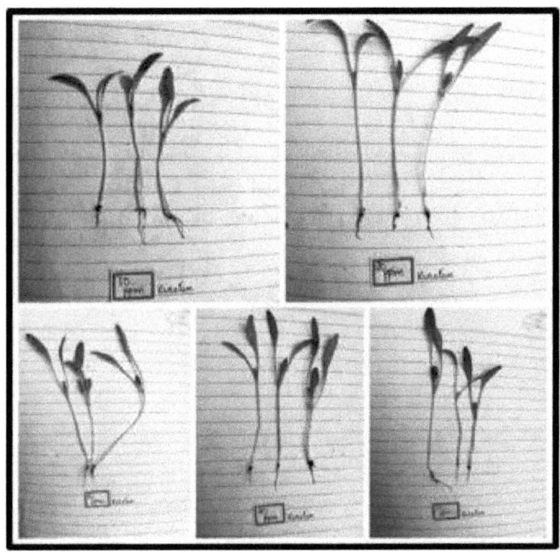

Fig.-11: Comprimento da raiz e do rebento das plantas de espinafre após o primeiro tratamento com cinetina

A cinetina é uma hormona vegetal que apoia a divisão celular. Como se pode ver nas imagens acima, é evidente que há um crescimento progressivo nos rebentos e nas raízes das plantas.

2nd leitura- 15 de janeiro [th]

2nd semana	Comprimento da raiz (cm)	Comprimento do rebento (cm)
Controlo	3.5	11.5
10 ppm	3	7.8
20 ppm	3.2	9.3
30 ppm	2.8	13.2
40 ppm	3.2	11
50 ppm	3	10

Quadro-9: Comprimentos da raiz e do rebento de espinafres tratados com cinetina após o segundo tratamento

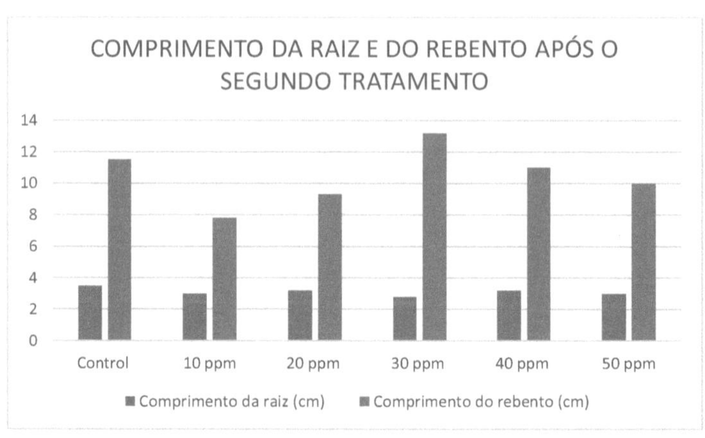

Fig.-12: - Gráfico que mostra o comprimento das raízes e dos rebentos das plantas de espinafre tratadas com cinetina após o segundo tratamento

Fig.-13: Comprimentos da raiz e do rebento de plantas de espinafre após o segundo tratamento com cinetina

3rd leitura - 22 de janeiro[st]

3rd semana	Comprimento da raiz (cm)	Comprimento do rebento (cm)
Controlo	3.9	12.5
10 ppm	2.7	12.3

20 ppm	2.6	9
30 ppm	2.5	11.5
40 ppm	3.5	11.5
50 ppm	3	12.5

Tabela 10: Comprimentos da raiz e do rebento das plantas de espinafre tratadas com cinetina após o terceiro tratamento

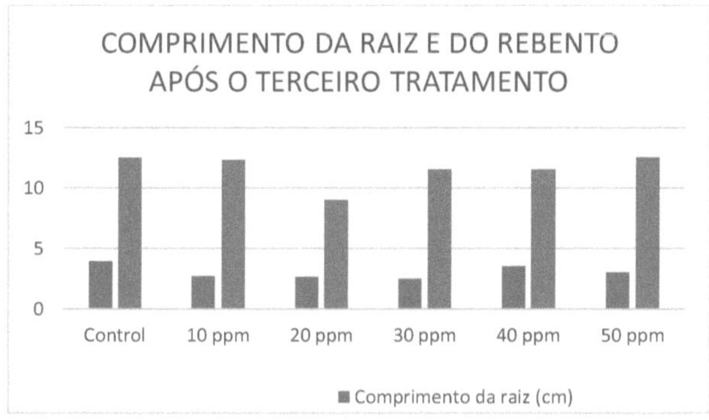

Fig.-14: Gráfico que mostra o comprimento das raízes e dos rebentos das plantas de espinafre tratadas com cinetina após o terceiro tratamento

Fig.-15: Comprimentos da raiz e do rebento de plantas de espinafre após o terceiro tratamento com cinetina

Resultado da cinetina - nº de folhas por planta

ppm	N.º de folhas por planta
Controlo	7
10 ppm	10
20 ppm	9
30 ppm	5

| 40 ppm | 6 |
| 50 ppm | 9 |

Quadro-11: N.º de folhas por planta em espinafres tratados com cinetina

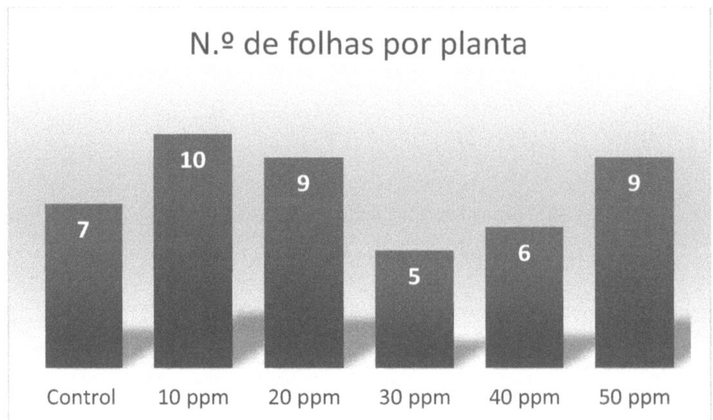

Fig.-16: Gráfico que mostra o número de folhas por planta em plantas de espinafre tratadas com cinetina

Resultado da cinetina - peso fresco por planta

ppm	Peso fresco (gm)
Controlo	2.095
10 ppm	9.583
20 ppm	9.756
30 ppm	3.375
40 ppm	10.481
50 ppm	22.292

Quadro-12: Peso fresco das plantas de espinafres colhidas tratadas com cinetina

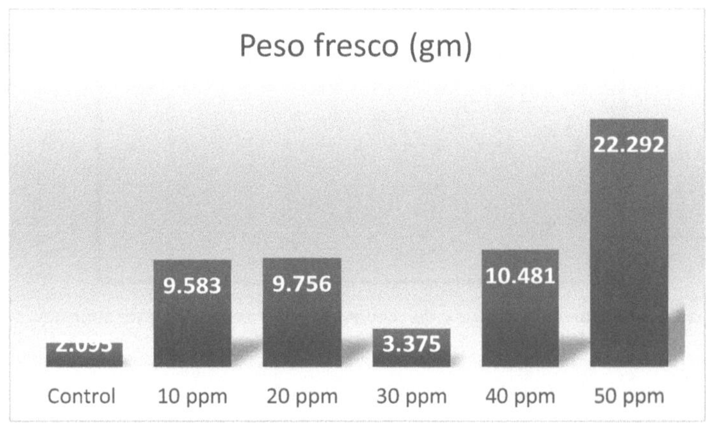

Fig.-17: Gráfico que mostra o peso fresco das plantas de espinafre colhidas tratadas com cinetina

Fig.-18: Peso fresco da planta de espinafre colhida tratada com cinetina

A cinetina é uma citocinina que ajuda as plantas a crescer. Ajuda na germinação das plantas, população, divisão celular, crescimento elevado, maiores rendimentos e aumenta a eficiência das culturas. O crescimento da raiz e do rebento, o número de folhas por planta, o peso fresco e o peso seco das plantas, todos mostraram uma resposta positiva e resultaram em maiores rendimentos da planta. O teor de humidade das plantas foi muito bom.

4.2.2 Resultados para NaCl

1ˢᵗ Leitura- 7 de janeiro

1ˢᵗ semana	Comprimento da raiz (cm)	Comprimento do rebento (cm)
Controlo	3.5	10.5
5%	1.5	9
10%	2	8
15%	2	7
20%	1.5	6.5
25%	2	4.1

Tabela 14: Comprimentos da raiz e do rebento de espinafres tratados com NaCl após o primeiro tratamento

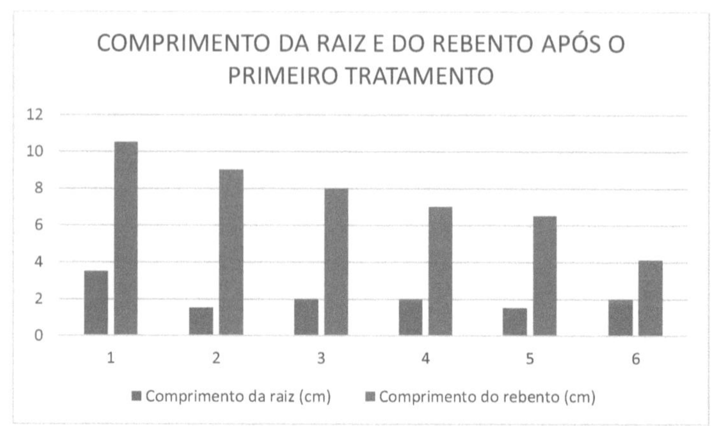

Fig.-21: Gráfico mostrando os comprimentos da raiz e do rebento de plantas de espinafre tratadas com NaCl após o primeiro tratamento

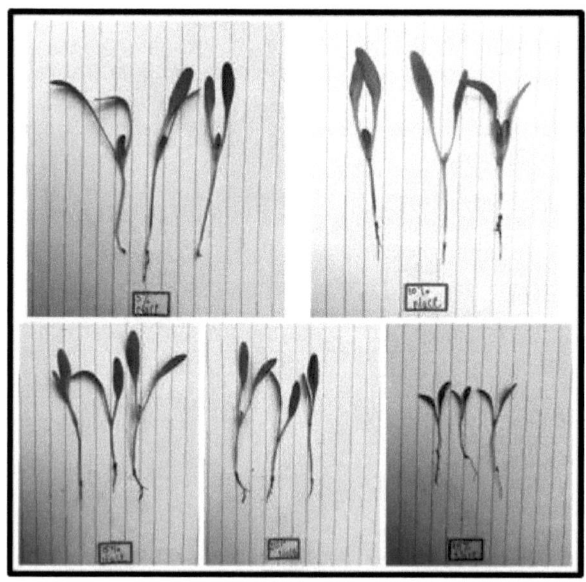

Fig.-22: Comprimentos da raiz e do rebento da planta de espinafre após o primeiro tratamento com NaCl

2nd semana	Comprimento da raiz (cm)	Comprimento do rebento (cm)
Controlo	3.5	11.5
5%	4.7	10
10%	4.4	7.3

15%	4	8
20%	3.3	9
25%	3	7

Tabela 15: Comprimento da raiz e do rebento dos espinafres tratados com NaCl após o segundo tratamento

2nd Leitura- 13 de janeiro

Fig.-23: Gráfico mostrando os comprimentos da raiz e do rebento de plantas de espinafre tratadas com NaCl após o segundo tratamento

Fig.-24: Comprimentos da raiz e do rebento de plantas de espinafre após o segundo tratamento com NaCl

3rd Leitura- 21 de janeiro

3rd semana	Comprimento da raiz (cm)	Comprimento do rebento (cm)
Controlo	3.9	12.5
5%NaCl	5.2	10.5

10%NaCl	3.5	9.5
15%NaCl	3.5	6.5
20%NaCl	2.7	7.5
25%NaCl	2.5	5.8

Tabela 16: Comprimentos da raiz e do rebento de espinafres tratados com NaCl após o terceiro tratamento

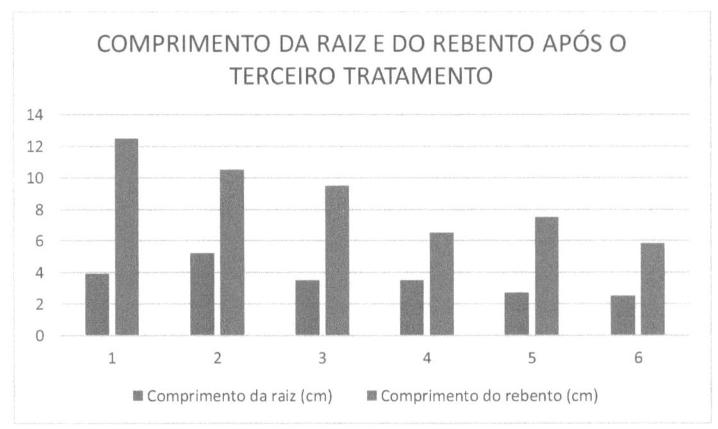

Fig.-25: Gráfico mostrando os comprimentos da raiz e do rebento de plantas de espinafre tratadas com NaCl após o terceiro tratamento

Fig.-26: Comprimento da raiz e do rebento das plantas de espinafre após o terceiro tratamento com NaCl

N.º de folhas por planta - stress de NaCl

%stress	N.º de folhas por planta
5	7
10	7
15	6
20	5
25	2

Tabela-17: N.º de folhas por planta em espinafres tratados com NaCl

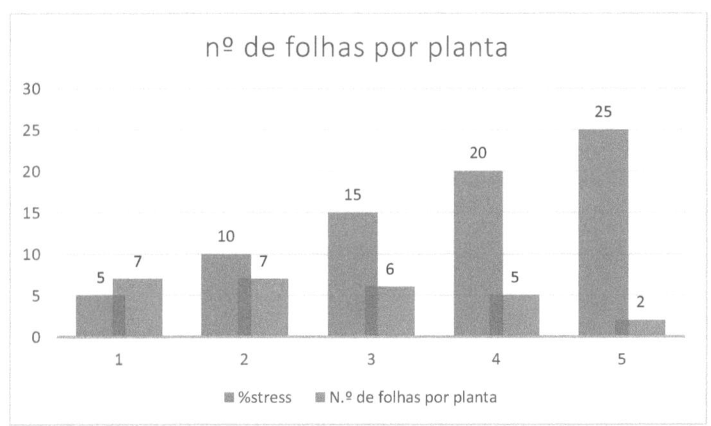

Fig.-27: Gráfico mostrando o número de folhas por planta em plantas de espinafre tratadas com NaCl

Peso fresco da planta afetado pelo stress de NaCl

%stress	Peso fresco (gm)
5%	0.136
10%	0.283
15%	0.131
20%	0.134
25%	0.217

Tabela 27: Peso fresco dos espinafres colhidos tratados com NaCl

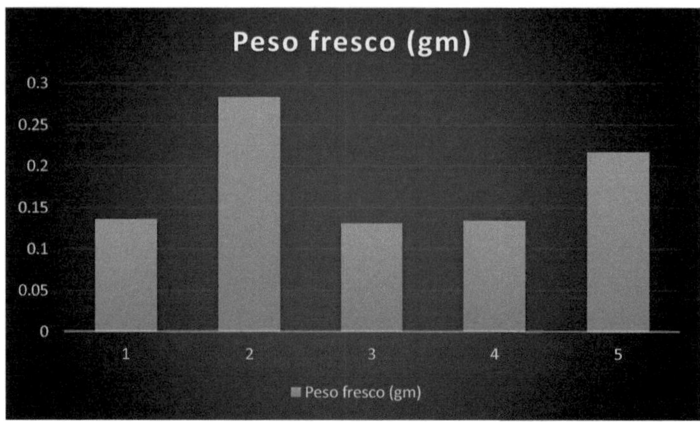

Fig.-28: Gráfico que mostra o peso fresco dos espinafres colhidos tratados com NaCl

Fig.-29: Peso fresco das plantas de espinafre colhidas tratadas com NaCl

Peso seco das plantas afectadas pelo NaCl

% de tensão	Peso seco (gm)
5	0.046
10	0.057
15	0.038
20	0.036
25	0.032

Tabela-19: Peso seco dos espinafres colhidos tratados com NaCl

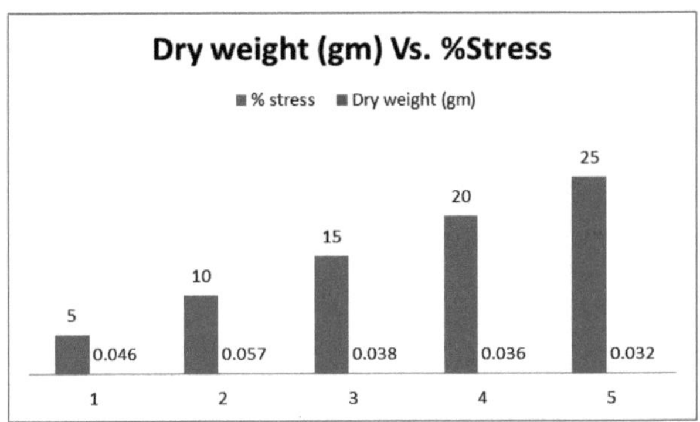

Fig.-30: Gráfico que mostra o peso seco dos espinafres colhidos tratados com NaCl

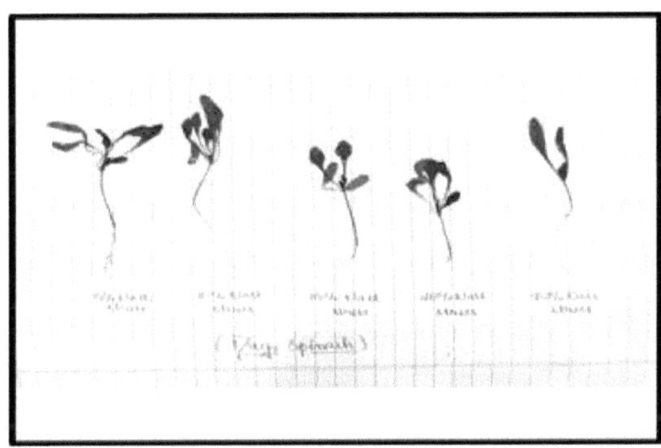

Fig.-31: Peso seco dos espinafres colhidos tratados com NaCl

Verificou-se que o crescimento do espinafre diminuiu com o aumento da concentração de NaCl. Tanto as folhas como as raízes foram afectadas, mas as folhas foram mais afectadas pelo stress salino. As folhas tinham um maior teor de água e eram mais espessas do que as do controlo e tinham uma superfície mais pequena. A acumulação de sal também foi observada nas folhas dos espinafres. O número de folhas por planta diminuiu com o aumento da concentração de stress salino. O crescimento foi atrofiado e chegou um ponto em que o crescimento parou e a planta começou a morrer.

4.2.3 RESULTADOS (*in silico*)

A biblioteca de modelos SWISS-MODEL (SMTL versão 2020-02-05, versão PDB 2020-01-31) foi pesquisada com BLAST e HHBlits para estruturas evolutivamente relacionadas que correspondem à sequência alvo na Tabela T1. Para mais pormenores sobre a pesquisa de modelos, ver Materiais e Métodos. No total, foram encontrados 259 modelos (Tabela T2).

Tabela T1:

Modelo #01	Ficheiro	Construído com	Oligo-Estado	Ligandos	GMQE	QMEAN
	APO	ProMod3 2.0.0	monómero	Nenhum	0.82	-0.94

Modelo	Identidade da sequência	Oligo-estado	QSQE	Encontrado por	Método	Resolução	Semelhança de sequências	Gama	Cobertura	Descrição
2gsj.1.A	61.21	monómero	0.00	BLAST	Radiografia	1.73Å	0.49	1 - 233	0.99	proteína PPL-2

Ligandos excluídos

Nome do ligando.número	Motivo da exclusão	Descrição
SO4.1	Não em contacto com o modelo.	IÃO SULFATO
SO4.2	Não em contacto com o modelo.	IÃO SULFATO
SO4.3	Não é biologicamente relevante.	IÃO SULFATO
SO4.4	Não é biologicamente relevante.	IÃO SULFATO

Quadro 20: Detalhes sobre a Docagem Molecular

Alvo   GDEGSLIDTCNSGNYGTVILAFLSSFGNGQTPVLNLAGHCDPATN-CGSLSTDIKACQQAGIKVLLSIGGGAGGYSLSST

2gsj.1.A
GGEGTLTSTCESGLYQIVNIAFLSQFGGGRRPQINLAGHCDPANNGCRTVSD GIRACQRRGIKVMLSIGGGAGSYSLSSV

Alvo
DDANQVADYLWNTYLGGQSTSRPLGDAVLDGIDFDIESGDNRFWDDLARSL AGHNNGQKTVYLSAAPQCPFPDASLNTAI
2gsj.1.A   QDARSVADYIWNNFLGGRSSSRPLGDAVLDGVDFDIEHG-GAYYDALARRLSEHNRGGKKVFLSAAPQCPFPDQSLNKAL

Alvo   DTALFDYVWVQFYNNPPCQYDN-TADNLLSAWNQWISVQAGQVFLGLPASTDAANSGFIPADVLTSQVLPTIKGS A
2gsj.1.A
STGLFDYVWVQFYNNPQCEFNSGNPSNFRNSWNKWTSSFNAKFYVGLPASP EAAGSGYVPPQQLINQVLPFVKRS-

Quadro T2:

Modelo	Identidade da sequência	Oligo-estado	QSQE	Encontrado por	Método	Resolução	Semelhança de sequência	Cobertura	Descrição
2gsj.1.A	61.21	monómero	-	BLAST	Radiografia	1.73Å	0.49	0.99	proteína PPL-2
4TQ.1.A	60.68	monómero	-	BLAST	Radiografia	1.60Å	0.49	1.00	Quitinase de classe III
1llo.1.A	61.37	monómero	-	BLAST	Radiografia	1.85Å	0.50	1.00	HEVAMINA
1kr0.1.A	60.52	monómero	-	BLAST	Radiografia	1.92Å	0.49	1.00	Hevamina A
1kqy.1.A	60.09	monómero	-	BLAST	Radiografia	1.92Å	0.49	1.00	Hevamina A
1kr1.1.A	60.52	monómero	-	BLAST	Radiografia	2.00Å	0.49	1.00	Hevamina A
6idn.1.A	58.19	monómero	-	BLAST	Radiografia	1.50Å	0.47	0.99	ICChI, uma quitinase glicosilada
2gsj.1.A	61.04	monómero	-	HHblits	Radiografia	1.73Å	0.49	0.99	proteína PPL-2
4TQ.1.A	60.52	monómero	-	HHblits	Radiografia	1.60Å	0.48	1.00	Quitinase de classe III
1llo.1.A	60.78	monómero	-	HHblits	Radiografia	1.85Å	0.49	0.99	HEVAMINA
3mu7.1.A	49.78	monómero	-	BLAST	Radiografia	1.29Å	0.43	0.97	proteína inibidora da xilanase e da alfa-amilase
3o9n.1.A	49.78	monómero	-	BLAST	Radiografia	2.40Å	0.43	0.97	Haementhin
1kr0.1.A	59.91	monómero	-	HHblits	Radiografia	1.92Å	0.49	0.99	Hevamina A
1kqy.1.A	59.48	monómero	-	HHblits	Radiografia	1.92Å	0.49	0.99	Hevamina A
1kr1.1.A	59.91	monómero	-	HHblits	Radiografia	2.00Å	0.49	0.99	Hevamina A
3hu7.1.A	49.34	monómero	-	BLAST	Radiografia	2.00Å	0.44	0.97	Haementhin
6idn.1.A	56.65	monómero	-	HHblits	Radiografia	1.50Å	0.46	1.00	ICChI, uma quitinase glicosilada
3mu7.1.A	49.78	monómero	-	HHblits	Radiografia	1.29Å	0.43	0.97	proteína inibidora da xilanase e da alfa-amilase
3o9n.1.A	50.00	monómero	-	HHblits	Radiografia	2.40Å	0.43	0.97	Haementhin
3hu7.1.A	49.34	monómero	-	HHblits	Radiografia	2.00Å	0.43	0.97	Haementhin
1cnv.1.A	42.98	monómero	-	BLAST	Radiografia	1.65Å	0.41	0.97	CONCANAVALINA B

Modelo	Identidade da sequência	Oligo-estado	QSQE	Encontrado por	Método	Resolução	Semelhança de sequência	Cobertura	Descrição
6caf.1.A	42.98	monómero	-	BLAST	Radiografia	1.30Å	0.41	0.97	Concanavalina B
1cnv.1.A	41.92	monómero	-	HHblits	Radiografia	1.65Å	0.40	0.98	CONCANAVALINA B
6caf.1.A	41.92	monómero	-	HHblits	Radiografia	1.30Å	0.40	0.98	Concanavalina B
2uy4.1.A	40.00	monómero	-	BLAST	Radiografia	1.75Å	0.40	0.96	ENDOQUITINASE
4b15.1.A	37.67	homo-dímero	0.26	HHblits	Radiografia	1.49Å	0.39	0.95	LECTINA SEMELHANTE À QUITINASE
4b15.1.A	39.27	homo-dímero	0.25	BLAST	Radiografia	1.49Å	0.40	0.94	LECTINA SEMELHANTE À QUITINASE
1te1.1.A	40.48	monómero	-	BLAST	Radiografia	2.50Å	0.40	0.90	proteína inibidora da xilanase I
1ta3.1.A	40.48	monómero	-	BLAST	Radiografia	1.70Å	0.40	0.90	proteína inibidora da xilanase I
2xtk.1.A	38.65	monómero	-	BLAST	Radiografia	2.00Å	0.40	0.88	QUITINASE DE CLASSE III CHIA1
2xvn.1.A	38.65	monómero	-	BLAST	Radiografia	2.35Å	0.40	0.88	QUITINASE A1 DE ASPERGILLUS FUMIGATUS
4tx6.1.A	38.65	monómero	-	BLAST	Radiografia	1.90Å	0.40	0.88	Quitinase de classe III ChiA1
2xuc.3.A	38.65	monómero	-	BLAST	Radiografia	2.30Å	0.40	0.88	CHITINASE
2xvn.3.A	38.65	monómero	-	BLAST	Radiografia	2.35Å	0.40	0.88	QUITINASE A1 DE ASPERGILLUS FUMIGATUS
1ctn.1.A	17.81	monómero	-	HHblits	Radiografia	2.30Å	0.29	0.62	CHITINASE A
5zl9.1.A	17.12	monómero	-	HHblits	Radiografia	2.60Å	0.29	0.62	Chitinase AB
1ehn.1.A	17.12	monómero	-	HHblits	Radiografia	1.90Å	0.29	0.62	CHITINASE A
1h0i.1.A	16.22	monómero	-	HHblits	Radiografia	2.00Å	0.28	0.63	CHITINASE B
1h0i.2.A	16.22	monómero	-	HHblits	Radiografia	2.00Å	0.28	0.63	CHITINASE B
1edq.1.A	17.81	monómero	-	HHblits	Radiografia	1.55Å	0.29	0.62	CHITINASE A
1k9t.1.A	17.81	monómero	-	HHblits	Radiografia	1.80Å	0.29	0.62	CHITINASE A

Modelo	Identidade da sequência	Oligo-estado	QSQE	Encontrado por	Método	Resolução	Semelhança de sequência	Cobertura	Descrição
2 semana2.1.A	17.81	monómero	-	HHblits	Radiografia	2.05Å	0.29	0.62	CHITINASE A
1e6z.1.A	16.22	monómero	-	HHblits	Radiografia	1.99Å	0.28	0.63	CHITINASE B
1x6l.1.A	17.01	monómero	-	HHblits	Radiografia	1.90Å	0.29	0.63	Quitinase A
1e6z.2.A	16.22	monómero	-	HHblits	Radiografia	1.99Å	0.28	0.63	CHITINASE B
2wm0.1.A	17.12	monómero	-	HHblits	Radiografia	1.90Å	0.29	0.62	CHITINASE A
1w1v.1.B	16.89	monómero	-	HHblits	Radiografia	1.85Å	0.29	0.63	CHITINASE B
1w1v.1.A	16.89	monómero	-	HHblits	Radiografia	1.85Å	0.29	0.63	CHITINASE B
1e6n.2.A	15.54	monómero	-	HHblits	Radiografia	2.25Å	0.28	0.63	CHITINASE B
1e6n.1.A	15.54	monómero	-	HHblits	Radiografia	2.25Å	0.28	0.63	CHITINASE B

Quadro-21: resultado *in silico*

4.2.3.1 NACL

MOLÉCULA PEQUENA

UNK (ácido alfa-aminobutírico)

UNK-Z-0

Cadeias de interação: A

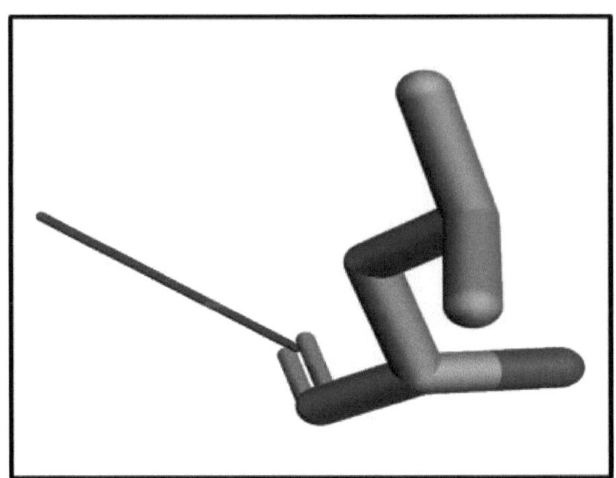

Fig.-32: Perfil de Interação Proteína-Ligando de NaCl

BONDES DE HIDROGÉNIO (NaCl)

Índice	Resíduos	AA	Distância H-A	Distância D-A	Doador Ângulo	Proteína Doador?	Corrente lateral	Doador Átomo	Aceitador Átomo
1.	20A	LEU	2.85	3.60	130.75	×	×	2089[N3]	166[O2]

Tabela-22: Ligações de hidrogénio no NaCl

4.2.3.2 CINETINA

MOLÉCULA PEQUENA

UNK (ácido alfa-aminobutírico)

UNK-A-1

Cadeias de interação: A

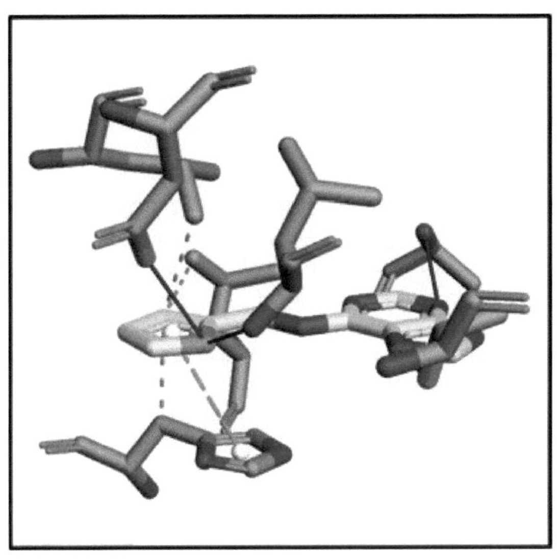

Fig.-33: Perfil de interação proteína-ligando da cinetina

INTERACÇÕES HIDROFÓBICAS (cinetina)

Índice	Resíduos	AA	Distância	Átomo do ligando	Átomo de proteína
1.	36A	LEU	3.46	2099	310
2.	39A	HIS	3.21	2099	328
3.	49A	LEU	3.34	2099	411

Quadro-23: interação hidrofóbica na cinetina

BONDES DE HIDROGÉNIO (cinetina)

Índice	Resíduos	AA	Distância H-A	Distância D-A	Doador Ângulo	Proteína Doador	Lado Cadeia	Doador Átomo	Aceitador Átomo
1.	6A	LEU	2.77	3.54	134.17		×	40[Nam]	2088[O2]
2.	9A	THR	2.84	3.75	162.20			72[O3]	2090[Np1]
3.	9A	THR	3.26	3.75	111.48	×		2090[Np1]	72[O3]
4.	21A	ALA	2.48	3.44	161.15		×	172[Nam]	2093[N2]
5.	52A	ASP	3.29	3.72	110.53			438[O3]	2088[O2]

Quadro-24: ligações de hidrogénio na cinetina

π - Empilhamento

Índice	Resíduos	AA	Distância	Ângulo	Desvio	Tipo	Átomos do ligando
1.	39A	HIS	3.90	4.78	1.78	P	2088, 2097,

| | | | | | | | 2099, 2101, 2103 |

Quadro-25: Empilhamento π na cinetina

4.3 DISCUSSÃO

A experiência fornece uma nova perspetiva sobre a relação entre os espinafres e a cinetina, e entre os espinafres e o NaCl. As sementes de espinafre foram colhidas e aproximadamente 10gm de sementes foram colhidas para cada um dos testes e as características morfológicas como comprimento da raiz, comprimento do rebento, número de folhas por planta, peso fresco e peso seco por planta foram anotadas. As plantas tratadas com cinetina apresentaram uma resposta positiva e resultaram em maiores rendimentos de plantas. O teor de humidade das plantas era muito bom. Após as 5th semanas, o comprimento das raízes e dos rebentos aumentou muito progressivamente nas plantas tratadas com cinetina. As folhas das plantas tratadas com cinetina eram de tamanho variável: 3-30 cm de comprimento e 2-15 cm de largura com folhas maiores na base e com 5-10 folhas por planta. O peso fresco e o peso seco das plantas aumentaram com o aumento da concentração de cinetina, exceto nas plantas tratadas com 30 ppm. Nas plantas tratadas com NaCl, o efeito da salinidade nas culturas reduziu a taxa de crescimento, resultando em folhas mais pequenas, menor estatura e também menos folhas. Com o aumento da salinidade, não houve diferença significativa no número de folhas. O rendimento foi afetado com o aumento da salinidade. A altura dos rebentos começou a diminuir e continuou a diminuir até ao nível mais elevado de salinidade. Observou-se que uma maior evapotranspiração também causa um menor crescimento dos rebentos sob stress salino. Houve uma grande redução no crescimento na terceira leitura. O peso fresco e seco por planta não foi bom em comparação com as plantas tratadas com cinetina. Não foi encontrado um único trabalho de investigação durante a revisão semelhante a este trabalho. Assim, este trabalho é único, uma vez que não foi efectuado por uma única pessoa.

Durante a análise *in silico*, tentámos o mecanismo de acoplamento para verificar as ligações entre o espinafre-NaCl e o espinafre-cinetina. Utilizámos o mesmo método de modelação de homologia e de acoplamento que o utilizado por Kumar, S. P. *et al.*, 2015, para encontrar o perfil proteína-ligante do NaCl e da cinetina e as ligações de hidrogénio do NaCl com o espinafre e da cinetina com o espinafre, respetivamente. Os resultados in silico obtidos foram semelhantes aos do autor Kumar, S. P. *et al.*, 2015.

5. CONCLUSÃO

A variedade de espinafres, KGP, foi selecionada para fins experimentais e foi referida como uma planta de crescimento precoce, saudável e erecta, com folhas ovadas a triangulares perfeitas. As plantas foram tratadas com NaCl e cinetina em cinco concentrações diferentes: 5%, 10%, 15%, 20% e 25% (NaCl) e 10 ppm, 20 ppm, 30 ppm, 40 ppm e 50 ppm (cinetina). As sementes foram cultivadas em potomix, que proporciona condições de solo ricas e enriquecidas com alimentos para plantas libertados de forma inteligente. Consequentemente, durante três semanas, foram efectuados parâmetros morfológicos no espinafre.

Considerando os parâmetros morfológicos, concluiu-se que o comprimento do rebento aumenta com o avançar das semanas e o comprimento da raiz aumenta até certo ponto nas plantas tratadas com cinetina. Após as 5th semanas, o comprimento da raiz e o comprimento do rebento aumentaram muito progressivamente nas plantas tratadas com cinetina. As folhas das plantas tratadas com cinetina eram de tamanho variável: 3-30 cm de comprimento e 2-15 cm de largura com folhas maiores na base e com 5-10 folhas por planta. O peso fresco e o peso seco das plantas aumentaram com o aumento da concentração de cinetina, exceto nas plantas tratadas com 30 ppm.

O efeito geral da salinidade nas culturas é a redução da taxa de crescimento, resultando em folhas mais pequenas, menor estatura e também menos folhas. Com o aumento da salinidade, não houve diferença significativa no número de folhas. O rendimento foi afetado com o aumento da salinidade. A altura dos rebentos começou a diminuir e continuou a diminuir até ao nível mais elevado de salinidade. Embora as plantas sob stress salino tenham geralmente um menor crescimento de rebentos sob stress salino, observou-se que uma maior evapotranspiração também causa um menor crescimento de rebentos sob stress salino. Registou-se uma grande redução do crescimento na terceira leitura.

Nas plantas tratadas com NaCl, o comprimento dos rebentos e das raízes aumentou durante as duas primeiras semanas e depois não se registou qualquer progresso nas plantas. Gradualmente, após a pulverização por três vezes em três semanas consecutivas, as plantas perderam a sua humidade e as folhas começaram a cair. As folhas das plantas tratadas com NaCl não apresentaram um bom crescimento. As folhas não apresentavam bom comprimento e largura. O número de folhas variou de 2-7 por planta. O peso fresco e seco por planta não foi bom em comparação com as plantas tratadas com cinetina.

A salinidade do solo tornou-se um problema importante em todo o mundo e os resultados do stress salino nas experiências supramencionadas revelaram uma resposta positiva, pelo contrário. Enquanto a cinetina, uma hormona de crescimento, promove o crescimento saudável da planta, as experiências supramencionadas revelaram uma resposta positiva ao contrário.

Os métodos *in silico* têm a vantagem de poderem fazer previsões rápidas para um grande conjunto de compostos num modo de elevado rendimento. Outra vantagem é o facto de poderem fazer previsões rápidas com base na estrutura de um composto, mesmo antes de este ter sido sintetizado.

Podemos estudar o tamanho, a forma, a distribuição de cargas, a polaridade, as ligações de hidrogénio e as interacções hidrofóbicas do ligando (fármaco) e do recetor (local-alvo). A docagem molecular ajuda a reconhecer os sítios-alvo do ligando e da molécula recetora. A docagem é também útil para a compreensão de diferentes enzimas e do seu mecanismo de ação. A função de "pontuação" da docagem ajuda a selecionar o melhor ajuste a partir de uma série de opções. Nem tudo pode ser provado experimentalmente, uma vez que os métodos experimentais tradicionais demoram muito tempo. A acoplagem molecular ajuda a acelerar o processo de conceção de medicamentos assistida por computador e também fornece todas as conformações possíveis com base na molécula do recetor e do ligando.

6. REFERÊNCIAS

REFERÊNCIAS:

Ahanger, M. A., Alyemeni, M. N., Wijaya, L., Alamri, S. A., Alam, P., Ashraf, M., & Ahmad, P. (2018). Potencial da cinetina de origem exógena na proteção de Solanum lycopersicum do estresse oxidativo induzido por NaCl por meio da regulação positiva do sistema antioxidante, ciclo ascorbato-glutationa e sistema glioxalase. PloS one, 13(9).

Ahire, M. L., e Nikam, T. D. (2011). Resposta diferencial das variedades de brinjal (Solanum melongena Linn.) ao stress da salinidade em relação à germinação das sementes e à acumulação de osmólitos. *Ciência das Sementes e Biotecnologia*, 5(1), 29-35.

Alkahtani, J. (2018). Identificação e Caracterização de Genes de Tolerância à Salinidade por Marcação de Ativação em Arabidopsis.

Al-Qumboz, A., Mohammed, N. e Abu-Naser, S. S. (2019). Sistema especialista em espinafre: Doenças e sintomas. *Revista Internacional de Investigação Académica em Sistemas de Informação* (IJAISR), 3(3), 16-22.

Aronson, J. (1985). Halófitas económicas - uma revisão global. In Plants for arid lands (pp. 177-188). *Springer*, Dordrecht.

Aslam, R., Bostan, N., Nabgha-e-Amen, M. M. e Safdar, W. (2011). Uma revisão crítica sobre halófitas: plantas tolerantes ao sal. *Journal of Medicinal Plants Research*, 5(33), 7108-7118.

Bahmani, K., Noori, S. A. S., Darbandi, A. I. e Akbari, A. (2015). Mecanismos moleculares de tolerância à salinidade das plantas: uma revisão. *Australian Journal of Crop Science*, 9(4), 321.

Barciszewski, J., Rattan, S. I., Siboska, G. e Clark, B. F. (1999). Kinetin-45 years on. *Plant Science*, 148(1), 37-45.

Benkert, P., Biasini, M., & Schwede, T. (2011). Toward the estimation of the absolute quality of individual protein structure models. *Bioinformatics,* 27(3), 343-350.

Bertoni, M., Kiefer, F., Biasini, M., Bordoli, L., & Schwede, T. (2017). Modelagem da estrutura quaternária de proteínas de homo- e hetero-oligômeros além das interações binárias por homologia. *Relatórios científicos,* 7(1), 10480.

Brengi, S. H. e Abouelsaad, I. A. (2019). O papel de diferentes fontes de nitrogênio combinadas com aplicações foliares de molibdênio, selênio ou sacarose na melhoria do crescimento e da qualidade das partes comestíveis do espinafre (*Spinacia oleracea* L.). *Alexandria Science Exchange Journal*, 40(JAnuary-March), 156-168.

Colmer, T. D. e Flowers, T. J. (2008). Flooding tolerance in halophytes. *New Phytologist*, 179(4), 964-974.

Dar, A. M. e Mir, S. (2017). Docagem molecular: abordagens, tipos, aplicações e desafios básicos. *J Anal Bioanal Tech*, 8(2), 1-3.

Dias, J. P. T. Reguladores de crescimento vegetal em horticultura: práticas e perspectivas.

Ewase, A. E. D. S. S., El-Sherif, S. O. e Tawfik, N. (2013). Efeito do stress de salinidade na germinação de sementes de coentros (Coriandrum sativum) e no crescimento das plantas. *Revista Académica Egípcia de Ciências Biológicas*, 4(1), 1-7.

Farooq, M., Hussain, M., Wakeel, A. e Siddique, K. H. (2015). Stress salino no milho: efeitos, mecanismos de resistência e gestão. A review. *Agronomia para o Desenvolvimento Sustentável*, 35(2), 461-481.

Fatiha, K., Abdelkrim, H. e Abdelkader, B. (2019). Efeito da salinidade nos parâmetros morfo-fisiológicos e no teor de nitrogênio no grão-de-bico (Cicer arietinum L.). *Ciência e Tecnologia Agrícola*, 11(2), 154-160.

Flores, T. J. (1985). Physiology of halophytes. Em Biosalinity in Action: Bioproduction with Saline Water (pp. 41-56). *Springer*, Dordrecht.

Galla, N. R., Pamidighantam, P. R., Karakala, B., Gurusiddaiah, M. R. e Akula, S. (2017). Qualidade nutricional, textural e sensorial de biscoitos suplementados com espinafre (Spinacia oleracea L.). *Revista Internacional de Gastronomia e Ciência Alimentar*, 7, 20-26.

Ghosh, S. C., Asanuma, K. I., Kusutani, A. e Toyota, M. (2001). Efeito do stress salino em alguns componentes químicos e no rendimento da batata. *Soil Science and Plant Nutrition*, 47(3), 467-475.

Golldack, D., Li, C., Mohan, H., e Probst, N. (2014). Tolerância à seca e ao estresse salino nas plantas: desvendando as redes de sinalização. *Fronteiras na ciência das plantas*, 5, 151.

Guex, N., Diemand, A., & Peitsch, M. C. (1999). Modelação de proteínas para todos. *Tendências em ciências bioquímicas*, 24(9), 364-367.

Gupta, B., e Huang, B. (2014). Mecanismo de tolerância à salinidade em plantas: caraterização fisiológica, bioquímica e molecular. *Revista Internacional de Genómica*, 2014.

Hamayun, M., Hussain, A., Khan, S. A., Irshad, M., Khan, A. L., Waqas, M. e Kim, H. Y. (2015). A cinetina modula os atributos fisio-hormonais e o conteúdo de isoflavonas da soja cultivada sob estresse por salinidade. *Fronteiras na Ciência das Plantas*, 6, 377.

Harms, C. L. e Oplinger, E. S. (1988). Reguladores de crescimento das plantas: a sua utilização na produção vegetal.

Hasanuzzaman, M., Nahar, K., Alam, M., Bhowmik, P. C., Hossain, M., Rahman, M. M. e Fujita, M. (2014). Uso potencial de halófitas para remediar solos salinos. *BioMed Research International*, 2014.

Hedges, L. J. e Lister, C. E. (2007). Atributos nutricionais de espinafres, beterraba prateada e beringela. *Crop Food Res Confidential Rep*, 1928.

Jakhro, M. I., Shah, S. I., Amanullah, Z. M., Rahujo, Z. A., Ahmed, S., & Jakhro, M. A. (2017). Crescimento e rendimento de espinafre (Spinacia oleracia) sob níveis flutuantes de fertilizantes orgânicos e inorgânicos. *Revista internacional de pesquisa em desenvolvimento*, 7(2), 11454-11460.

Joseph, B., Jini, D., e Sujatha, S. (2011). Desenvolvimento de plantas tolerantes ao stress salino através da manipulação genética de enzimas antioxidantes. *Jornal Asiático de Investigação Agrícola*, 5(1), 17-27.

Kakar, B. A. K., Kakar, S. U. R., Rana, S. S. A., Leghari, S. K., Ahmed, A., Tareen, M. Y. e Ullah, S. (2019). Efeito do estresse salino no crescimento vegetativo e reprodutivo de dois genótipos de plantas de tomate (Solanum lycopersicum L.) em condições climáticas do distrito de Quetta, Baluchistão. *Biologia Pura e Aplicada.* Vol. 9, Número 1, pp576-586.

Kapoor, N. e Pande, V. (2015). Efeito do stress salino nos parâmetros de crescimento, teor de humidade, teor relativo de água e pigmentos fotossintéticos da variedade de feno-grego RMt-1. *Jornal de Ciências Vegetais*, 10(6), 210-221.

Kiran, S. (2019). Alívio dos efeitos adversos do estresse salino na alface (Lactuca sativa var. Crispa) pela aplicação de vermicomposto. *Ata Scientiarum Polonorum-Hortorum Cultus*, 18(5), 153-160.

Kumar, S. P., Parmar, V. R., Jasrai, Y. T. e Pandya, H. A. (2015). Previsão de alvos proteicos de cinetina usando métodos in silico e in vitro: um estudo de caso sobre o mecanismo de germinação de sementes de espinafre. *Jornal de Biologia Química*, 8(3), 95-105.

Miano, T. F. (2016). Valor nutricional do espinafre *Spinacea oleracea* - uma visão geral. *Revista Internacional de Ciências da Vida e Revisão*, 2(12), 172-74.

Mishra, A., e Tanna, B. (2017). Halófitas: recursos potenciais para genes e promotores de tolerância ao estresse salino. *Fronteiras em Ciência das Plantas*, 8, 829.

Mukesh, B. e Rakesh, K. (2011). Docagem molecular: uma revisão. *Int J Res Ayurveda Pharm*, 2(6), 1746-51.

Munns, R. e Tester, M. (2008). Mechanisms of salinity tolerance (Mecanismos de tolerância à salinidade). *Annu. Rev. Plant Biol.*, 59, 651-681.

Nawaz, K., Hussain, K., Majeed, A., Khan, F., Afghan, S. e Ali, K. (2010). Fatalidade do stress salino para as plantas: Aspectos morfológicos, fisiológicos e bioquímicos. *Jornal Africano de Biotecnologia*, 9(34).

Norrild, R. K., Johansson, K. E., O'Shea, C., Morth, J. P., Lindorff-Larsen, K., & Winther, J. R. (2022). Aumentando a estabilidade da proteína, inferindo os efeitos de substituição de experimentos de alto rendimento. *Métodos de relatórios de células*, 2(11).

Pal, S. L. (2019). Papel dos reguladores de crescimento de plantas na floricultura: Uma visão geral. *Journal of Pharmacognosy and Phytochemistry*, 8(3), 789-796.

Prieto-Martínez, F. D., Arciniega, M. e Medina-Franco, J. L. (2019). Docagem molecular: avanços e desafios atuais. *TIP Revista Especializada em Ciências Químico-Biológicas,* 21(S1), 65-87.

Rani, S., Sharma, M. K. e Kumar, N. (2019). Impacto da salinidade e da aplicação de zinco no crescimento, características fisiológicas e de rendimento no trigo. *Ciência Atual* (00113891), 116(8).

Razzaq, S. N. A. U. e Mohammed, S. O. (2019). Efeito da levedura, cinetina e ácido salicílico no crescimento da planta de Aloe Vera L. e na produção de alguns compostos medicinalmente ativos. *Arquivos de plantas*, 19(1), 511-517.

Sahay, A. e Shakya, M. (2010). Análise in silico e modelação de homologia de proteínas antioxidantes de espinafres. *J Proteomics Bioinform*, 3, 148-154.

Said-Al Ahl, H. A. H. e Omer, E. A. (2011). Produção de plantas medicinais e aromáticas sob stress salino. Uma revisão. *Herba polónica*, 57(2).

Sharma, P. (2016). Emendas em solos salinos para melhorar o crescimento e o rendimento das plantas.

Sudha, G. S. e Riazunnisa, K. (2015). Efeito do estresse salino (NaCl) nos parâmetros morfológicos das mudas de cebola (Allium cepa L.). *Revista Internacional de Plantas, Animais e Ciência Ambiental*, 5(4).

Jamil, M., Rehman, S. e Rha, E. S. (2007). Efeito da salinidade no crescimento das plantas, fotoquímica PSII e teor de clorofila na beterraba sacarina (Beta vulgaris L.) e na couve (Brassica oleracea capitata L.). *Pak. J. Bot*, 39(3), 753-760.

Tiwari, J. K., Munshi, A. D., Kumar, R., Pandey, R. N., Arora, A., Bhat, J. S. e Sureja, A. K. (2010). Efeito do stress salino no pepino: Relação Na+-K+, concentração de osmólitos, fenóis e teor de clorofila. *Ata physiologiae plantarum*, 32(1), 103-114.

Waisel, Y. (2012). Biologia das halófitas. *Elsevier*.

Xu, C. e Mou, B. (2016). Respostas do espinafre à salinidade e à deficiência de nutrientes no crescimento, fisiologia e valor nutricional. *Jornal da Sociedade Americana de Ciências da Horticultura*, 141(1), 12-21.

Yilmaz, K., Akinci, I. E. e Akinci, S. (2004). Efeito do stress salino no crescimento e nos teores de Na e K do pimento (Capsicum annuum L.) nas fases de germinação e de plântula. *Pak. J. Biol. Sci*, 7(4), 606-610.

Yokoi, S., Bressan, R. A., & Hasegawa, P. M. (2002). Salt stress tolerance of plants. *Relatório de trabalho do JIRCAS*, 23(1), 25-33.

Yuriev, E. e Ramsland, P. A. (2013). Últimos desenvolvimentos em docagem molecular: 2010-2011 em revisão. *Journal of Molecular Recognition*, 26(5), 215-239.

Printed by Books on Demand GmbH, Norderstedt / Germany